ERRATA

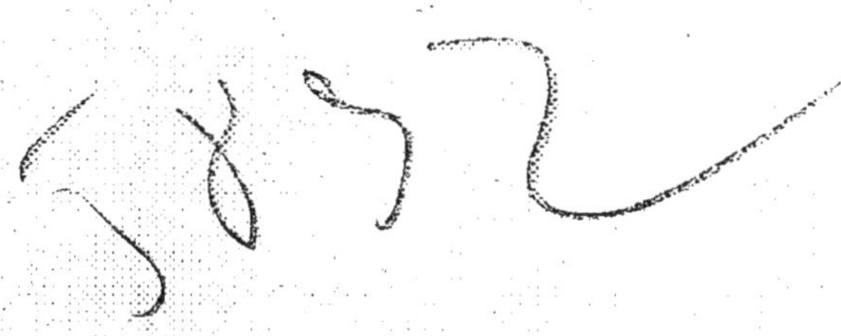

L'ALUMINIUM
ET SES ALLIAGES

L'ALUMINIUM
ET
SES ALLIAGES

ÉDITÉ PAR
L'ALUMINIUM FRANÇAIS
23 *bis*, RUE DE BALZAC
PARIS

AVANT - PROPOS

L'aluminium est un métal dont la principale caractéristique est d'avoir une densité à peine égale au tiers de celle des métaux ordinaires.

L'aluminium a été, pour la première fois, obtenu à l'état de corps simple par Woehler ; mais il n'avait été alors isolé qu'en très petite quantité et à un état d'impureté tel que de graves erreurs sont restées longtemps accréditées sur son compte. L'aluminium n'est réellement bien connu que depuis les travaux remarquables entrepris par Sainte-Claire-Deville en 1853. C'est seulement de ces travaux que datent la connaissance des propriétés qui firent de l'aluminium un métal couramment utilisable et la mise en pratique des procédés qui permirent de l'obtenir industriellement.

Cependant, jusqu'en 1888, l'aluminium resta un métal très cher, son prix étant voisin de 300 francs le kilogramme. Aussi n'était-il utilisé qu'en très faible quantité et pour des emplois de luxe, l'orfèvrerie en particulier.

La découverte faite en 1888 par Héroult d'un nouveau procédé de fabrication, basé sur l'électrolyse de l'alumine, devait révolutionner l'industrie de l'aluminium. Le prix du métal s'abaissa considérablement tandis que son emploi se développait avec une extrême rapidité dont les chiffres suivants donneront une idée :

Années	Tonnage annuel d'aluminium produit dans le monde
1885	13 tonnes
1890	200 —
1900	7.000 —
1910	45.000 —
1920	160.000 —
1926	200.000 —

Ce prodigieux développement tient à trois causes :

a) Aux progrès réalisés par la technique de la fabrication qui permettent de produire des quantités considérables de métal d'un haut degré de pureté;

b) A l'essor pris par certaines industries modernes, grosses consommatrices d'aluminium, au premier rang desquelles il faut citer l'industrie automobile et les entreprises électriques;

c) A la découverte d'une magnifique gamme d'alliages de fonderie ou de forge, à base d'aluminium, que leurs propriétés, extrêmement variables de l'un à l'autre, rendent aptes, sous réserve d'un choix judicieux, aux emplois les plus divers.

La capacité de production des usines d'aluminium appartenant à des Sociétés françaises a considérablement augmenté en ces dernières années. De 15.000 tonnes en 1914 elle est passée à 20.000 tonnes en 1924 et à 35.000 tonnes en 1928. Elle est actuellement supérieure de 50 % à la consommation du marché intérieur français. La mise en service progressive de nouvelles usines actuellement en construction permettra dans l'avenir à ces Sociétés de faire face sans difficulté au développement de la consommation intérieure, tout en laissant disponible une marge importante pour l'exportation.

On trouvera dans les pages qui suivent quelques précisions sur les propriétés physiques, chimiques et mécaniques de l'aluminium et de ses alliages, et sur leurs diverses utilisations dont certaines sont déjà dans leur plein épanouissement, et dont d'autres, plus récentes et encore à leurs débuts, montrent quelles splendides perspectives restent ouvertes à ce métal.

GÉNÉRALITÉS

PRÉPARATION DE L'ALUMINIUM

HISTORIQUE

L'aluminium a été préparé pour la première fois en 1827 par Woehler en traitant le chlorure d'aluminium par le potassium. Le produit ainsi obtenu était impur et mélangé à du silicium, du potassium et du chlorure double d'aluminium et de potassium. Ce dernier, en particulier, recouvrait les globules d'aluminium de telle sorte que le métal se présentait sous un aspect granulé et poussiéreux.

Sainte-Claire-Deville ayant eu l'idée de soumettre l'aluminium ainsi préparé à l'action d'un courant de chlorure d'aluminium à la température du rouge, obtint un lingot homogène de métal et démontra ainsi que l'état granulé et pulvérulent sous lequel l'aluminium s'était présenté jusqu'alors tenait uniquement aux impuretés auxquelles il était mélangé.

Encouragé par ce premier résultat, Sainte-Claire-Deville s'attacha à mettre au point une méthode de fabrication donnant de l'aluminium industriellement utilisable. Il commença par traiter le chlorure d'aluminium non pas par le potassium comme l'avait fait Woehler, mais par le sodium dont le prix était inférieur. Ensuite, il substitua au chlorure d'aluminium le chlorure double d'aluminium et de sodium dont l'emploi est plus aisé. Enfin, il constata que l'addition au chlorure double d'aluminium et de sodium d'une certaine quantité de cryolithe (fluorure double d'aluminium et de sodium) avait pour effet d'améliorer considérablement la réaction.

Dès lors, la fabrication était devenue industrielle et l'aluminium fut à partir de ce moment fabriqué couramment dans l'usine de Salindres où Sainte-Claire-Deville avait effectué ses recherches. Cette usine de Salindres a été pendant longtemps la seule dans le monde à fabriquer de l'aluminium. Elle appartenait alors à la Société Henri Merle & Cie à laquelle se substituèrent successivement la Société Pechiney & Cie, puis la Compagnie de Produits Chimiques d'Alais et de la Camargue et enfin la Compagnie de Produits Chimiques & Electrométallurgiques Alais, Froges & Camargue.

Sainte-Claire-Deville ne se contenta pas d'améliorer, comme il vient d'être dit, la méthode de préparation de l'aluminium par les procédés purement chimiques. Il chercha également à utiliser la méthode électrolytique et les résultats qu'il obtint dans cette voie ne furent pas moins intéressants. Il démontra, en effet, que l'électrolyse de l'alumine (ou oxyde d'aluminium anhydre) dissoute dans un bain de fluorures fondus permet d'obtenir directement de l'aluminium à un haut degré de pureté. Mais à l'époque où Sainte-Claire Deville procédait à ces expériences, l'énergie électrique était encore rare et coûteuse puisqu'il fallait pour la produire avoir recours à la pile. Aussi cette méthode n'eut-elle pas d'applications industrielles immédiates. Elle devait, au contraire, être appelée à un magnifique développement dès l'instant où l'on saurait utiliser les chutes d'eau pour produire l'énergie électrique. Elle fut définitivement mise au point en 1888 en France par Héroult et aux Etats-Unis par Hall, qui tous deux imaginèrent simultanément et indépendamment l'un de l'autre le type de four universellement utilisé depuis pour la fabrication de l'aluminium.

MÉTHODE ACTUELLE DE FABRICATION

La fabrication de l'aluminium, d'après les procédés actuellement en usage, se fait en deux étapes nettement distinctes :

1° Fabrication de l'alumine à partir de la bauxite;

2° Fabrication de l'aluminium à partir de l'alumine.

La bauxite est un oxyde d'aluminium renfermant, en dehors de l'alumine, de la silice, de l'oxyde de fer, de l'oxyde de titane et de l'eau.

On distingue quatre espèces de bauxites : la bauxite blanche, la bauxite grise, la bauxite grise siliceuse et la bauxite rouge.

Leur teneur en alumine, silice et oxyde de fer est donné dans le tableau ci-dessous :

	alumine	silice	oxyde de fer
Bauxite blanche	50 à 70 %	6 à 23 %	3 à 8 %
Bauxite grise	55 à 62 %	8 à 15 %	8 à 14 %
Bauxite grise siliceuse	40 à 45 %	35 à 40 %	45 à 5 %
Bauxite rouge	40 à 60 %	2 à 12 %	18 à 40 %

Quant à l'oxyde de titane, il intervient en général pour 2 à 4 % et l'eau pour 10 à 15 %.

La bauxite blanche sert à fabriquer les pierres précieuses synthétiques, des produits réfractaires, des porcelaines à feu, etc...

La bauxite grise est utilisée dans la fabrication des produits abrasifs, de l'émeri, du corindon artificiel.

La bauxite grise siliceuse sert pour les revêtements métallurgiques et les sables de fonderie.

La bauxite rouge est la seule qui puisse être employée pour fabriquer de l'aluminium. Elle sert également à la fabrication du minium d'aluminium, moins rouge que le minium de fer mais plus résistant aux acides, et enfin à la fabrication du ciment fondu.

Il existe dans le monde des gisements de bauxite fort importants. La France est, à cet égard, particulièrement bien partagée, mais la découverte de nouveaux gisements en Dalmatie, en Hongrie, dans les Indes, dans la Guyane, la Guinée, la Côte de l'Or, etc..., permet de considérer aujourd'hui la bauxite comme un minerai largement répandu dans toutes les parties du monde.

Fabrication de l'alumine à partir de la bauxite. — Le procédé couramment employé pour transformer la bauxite en alumine est celui qui est connu sous le nom de procédé Bayer. Il comporte six opérations :

1° Le concassage de la bauxite et sa transformation en grenaille ;

2° Son traitement par la soude caustique en autoclave à une température d'environ 160° ;

3° Le refoulement dans des décanteurs où se fait la séparation entre le liquide clair (aluminate de soude et soude) et le précipité (oxyde de fer, silico-aluminate de soude, titanate acide de soude) ;

4° La décomposition de l'aluminate de soude dans de vastes récipients en tôle munis d'un agitateur. La solution d'aluminate de soude possède en effet la propriété de se décomposer spontanément sous l'influence d'une agitation purement mécanique en laissant déposer l'alumine;

5° Le filtrage de l'alumine dans des cuves filtres ;

6° La calcination de l'alumine à 1.200° environ.

La quantité de bauxite nécessaire à la fabrication d'une tonne d'aluminium dépend de la qualité de la bauxite employée. On peut admettre qu'il faut en moyenne deux tonnes de bauxite pour obtenir une tonne d'alumine. Cette transformation exige la consommation d'importantes quantités de charbon.

Fabrication de l'aluminium à partir de l'alumine. — Le principe de la fabrication est la réduction par le courant électrique d'un mélange fondu d'alumine anhydre (Al^2O^3) et de cryolithe (AlF^3, $3NaF$), mélange auquel la chaleur nécessaire à la fusion est fournie par le courant lui-même.

L'opération a lieu à une température variant entre 920° et 1.000° suivant la teneur du bain en alumine alors que la température de fusion de l'alumine est supérieure à 2.000°.

Elle a lieu dans des appareils auxquels on donne tantôt le nom de « cuves », tantôt celui de « fours ». Ils sont de formes variables mais leur principe est toujours identique. Ils se composent d'un bâti métallique recouvert intérieurement de charbon aggloméré et auquel aboutit une des amenées de courant, la cathode, l'anode étant constituée par une ou plusieurs électrodes en carbone qui plongent dans le bain.

Les électrodes destinées à la fabrication de l'aluminium doivent être particulièrement pures. Le charbon qui les compose doit être de qualité exceptionnelle et ne pas renfermer plus de 1 à 2 % de cendres au maximum. La fabrication de ces électrodes est elle-même une opération délicate. Elle comporte le dégazage de la matière première (les matières volatiles, s'il en existait dans les électrodes, les rendraient mauvaises conductrices), le broyage du charbon en particules calibrées, le mélange de ce charbon broyé avec du brai chaud, la compression de ce mélange dans des presses qui donnent aux électrodes la compacité et la forme voulue, enfin la cuisson des électrodes à 1.200°.

Depuis quelques années on emploie également

dans quelques usines les électrodes continues du type Sœderberg dans lesquelles la cuisson de la pâte se fait automatiquement au fur et à mesure de la fabrication de l'aluminium.

La consommation d'électrodes est d'environ 800 kilogrammes par tonne d'aluminium produit.

Ainsi, avec le charbon nécessaire à la fabrication de l'alumine peut-on compter qu'il faut consommer environ 8 tonnes de combustibles divers pour produire une tonne d'aluminium.

Les cuves à électrolyse sont placées en série. Elles sont traversées par un courant dont l'intensité varie suivant les dimensions de la cuve de 10.000 à 30.000 ampères. Leur marche est continue ; elles sont rechargées plusieurs fois par jour en alumine et à intervalles plus espacés en cryolithe. Le métal est coulé périodiquement. La consommation d'énergie est assez variable suivant les caractéristiques des installations et les conditions dans lesquelles celles-ci sont utilisées. Dans les usines modernes, avec un personnel exercé, on arrive couramment à une consommation d'énergie de 25 kilowatts-heure par kilo d'aluminium.

PROPRIÉTÉS PHYSIQUES ET MÉCANIQUES DE L'ALUMINIUM ET DE SES ALLIAGES

Les procédés industriels universellement employés à l'heure actuelle pour la fabrication de l'aluminium, à partir de la bauxite, sont susceptibles de donner un métal homogène et régulier ne contenant que deux impuretés principales : le fer et le silicium. C'est l'importance de la somme de ces deux impuretés, qui peut aller jusqu'à 2 %, qui sert à fixer le titre commercial des trois qualités d'aluminium mises à la disposition de la clientèle. Ces trois qualités sont les suivantes :

1re qualité :
Métal contenant plus de 99,5 % d'aluminium.
2e qualité :
Métal contenant de 99 à 99,5 % d'aluminium.
3e qualité :
Métal contenant de 98 à 99 % d'aluminium.

Les autres impuretés ne figurent qu'en quantité excessivement faible, lorsqu'elles existent, et leur présence ne peut être décelée que par des réactifs très sensibles.

Parmi les métaux courants, l'aluminium est le métal le plus léger après le magnésium. Il possède un coefficient de dilatation et une conductibilité élevés. Sa chaleur spécifique n'est dépassée que par celle du magnésium et enfin sa con-

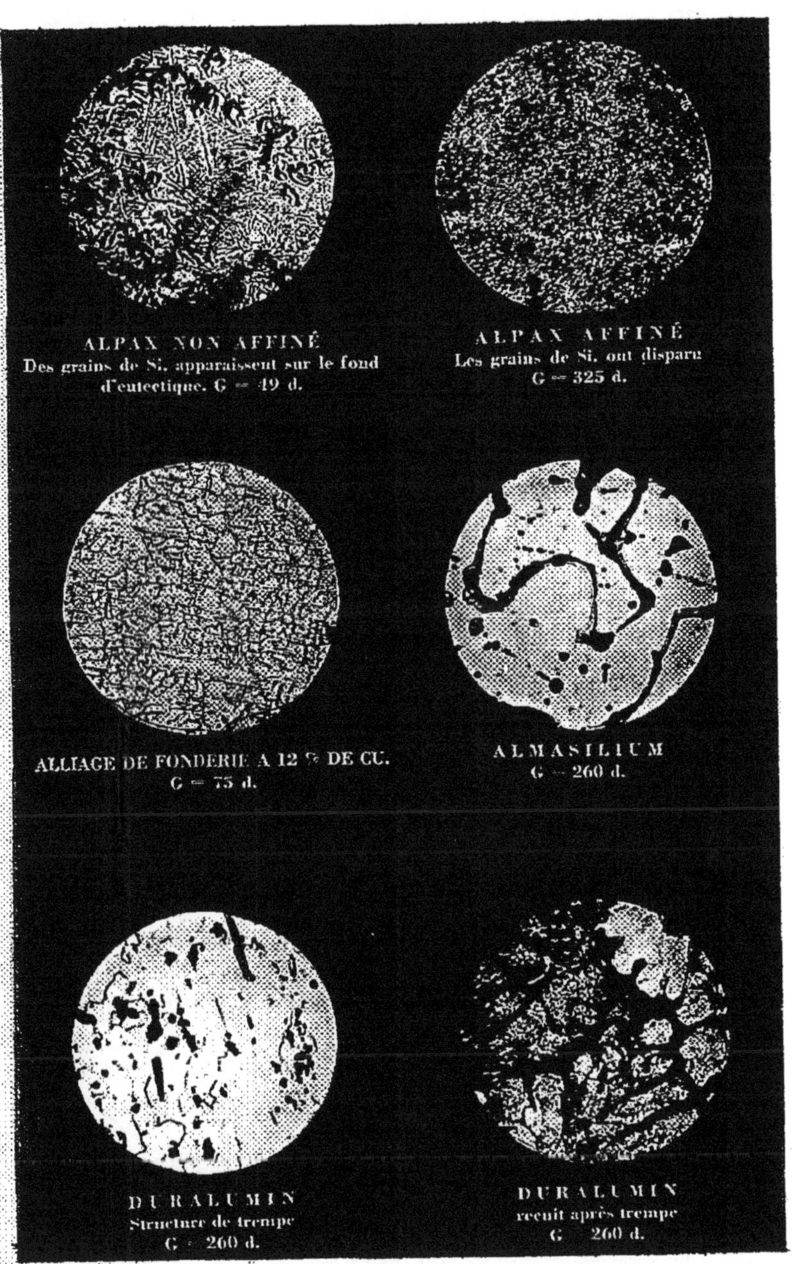

QUELQUES   MICROGRAPHIES   D'ALLIAGES   D'ALUMINIUM

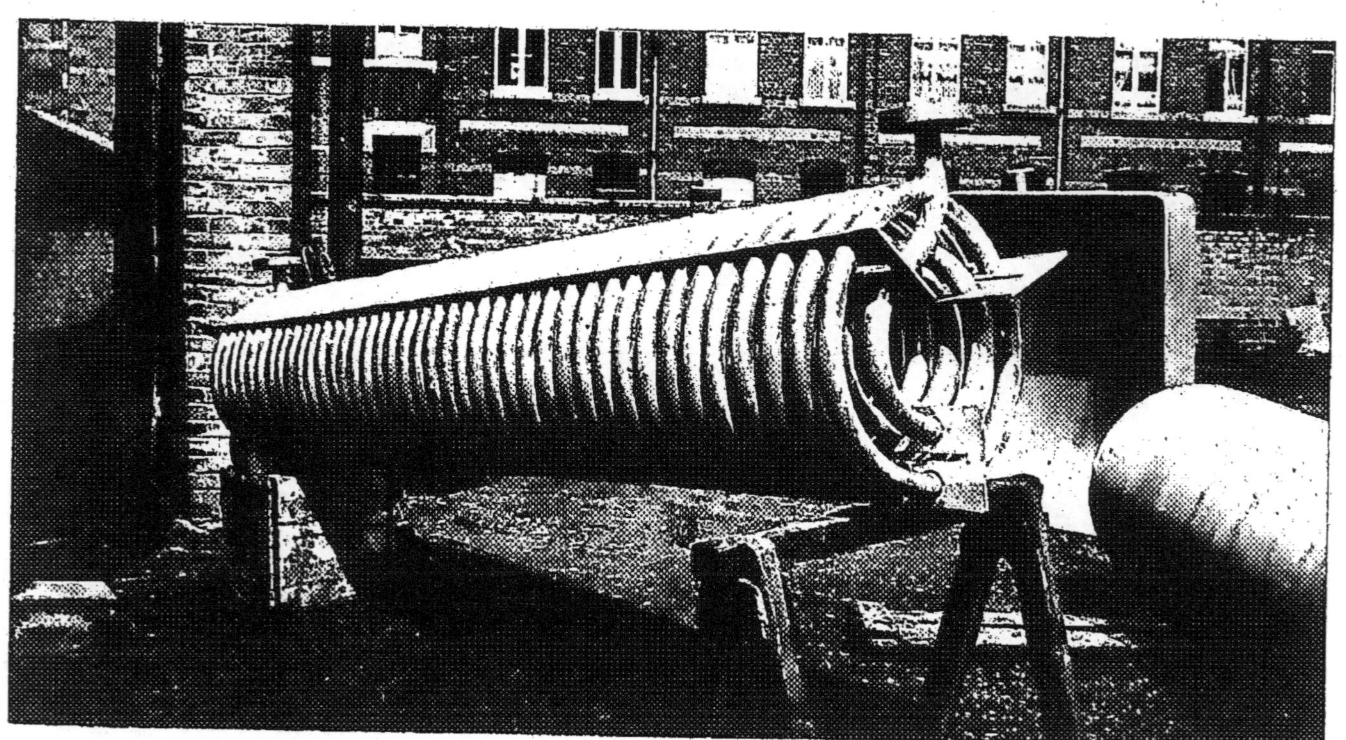

Serpentin en aluminium de 40 mètres carrés de surface utilisé par différentes Sociétés françaises et belges
pour le réchauffage des huiles benzolées contenant des cyanures

ductibilité thermique n'est inférieure qu'à celle de l'argent, du cuivre et de l'or.

Les tableaux ci-dessous donnent les principales caractéristiques physiques d'un aluminium de très grande pureté ainsi que ses caractéristiques mécaniques sous ses divers états.

Caractéristiques physiques

Point de fusion	658°
Point d'ébullition à la pression atmosphérique	1.800°
Densité à 20°	2,70
Coefficient de dilatation linéaire (augmentation pour cent de la longueur par degré centigrade entre 0 et 100°).......	23×10^{-6}
Conductibilité électrique à 0°	37 mhos.
Pouvoir thermo-électrique par rapport au platine à 100°.....................	+0,38
Potentiel électrolytique entre 18° et 25° en volts.........................	—1,276 par rapport à l'hydrogène.
Chaleur spécifique....................	0,2173 cal. (de 17° à 100°).
Conductibilité thermique à 0°	0,504 petites calories par cm/sec. degré
Chaleur latente de fusion	92 Cal/gr. par gramme.
Poids atomique (oxygène =16)	27

Caractéristiques mécaniques

ETAT DU METAL	Charge de rupture en kg/mm2	Limite élastique en kg/mm2	Allongement 0/0 à la rupture	Module d'élasticité en kg/mm2
Coulé en sable ...	8 à 10	3 à 4	15 à 20	6.500
Coulé en coquille.	9 à 10	4 à 5	20 à 25	d°
Laminé et recuit..	8 à 9	4	30 à 35	d°
Ecroui dur.......	17 à 20	15 à 16	4 à 5	d°

Ainsi qu'on le voit les caractéristiques mécaniques et en particulier la résistance à la traction aussi bien sous forme de produits coulés que sous forme de produits transformés mécaniquement à chaud ou à froid sont assez médiocres. Il en résulte que l'aluminium ne peut être utilisé que dans les conditions où ces facteurs sont secondaires. Par contre sa grande ductilité lui confère des avantages sérieux lorsqu'il s'agit d'emboutissage ou de tréfilage.

Par ailleurs, et c'est là une observation qui a une extrême importance, l'aluminium se prête à la fabrication de nombreux alliages dont on trouvera l'énumération dans les pages suivantes et dont certains, bien que contenant seulement de faibles quantités d'autres éléments, et conservant par conséquent à très peu de choses près les propriétés physiques les plus intéressantes de l'aluminium (faible densité — haute conductibilité, etc...) possèdent également des qualités mécaniques très remarquables les rendant aptes à de multiples usages pour lesquels l'emploi de l'aluminium pur n'aurait pu être raisonnablement envisagé.

ALLIAGES D'ALUMINIUM

On peut classer les alliages d'aluminium en trois catégories :

Alliages lourds (densité supérieure à 6) ;

Alliages de densité moyenne (densité comprise entre 3 et 6) ;

Alliages légers (densité inférieure à 3).

De ces trois catégories, la dernière est de beaucoup la plus importante.

Alliages lourds. — Les plus répandus sont les bronzes d'aluminium, contenant de 88 à 95 % de cuivre, et de 5 à 12 % d'aluminium. L'alliage à 10 % d'aluminium, fabriqué pour la première fois par Sainte-Claire-Deville, a un très bel aspect en raison duquel il a été utilisé en orfèvrerie. Cet alliage, soumis à 800 ou 900° à une trempe suivie d'un revenu à 650° est doué de propriétés mécaniques remarquables; sa résistance atteint 60 kg/mm^2 et ses caractéristiques mécaniques sont très analogues à celles de l'acier Bessemer de Suède.

Les alliages lourds d'aluminium sont utilisés dans la fabrication de miroirs métalliques pour projecteurs. L'alliage à 8 % d'aluminium et 0,5 % de manganèse est employé en France par la Monnaie pour la fabrication des jetons de cinquante centimes, un franc et deux francs.

Alliages de densité moyenne. — Ce sont pour la plupart des alliages aluminium-zinc, auxquels on ajoute parfois de petites quantités d'étain, de cuivre, etc...

Ils sont fort peu utilisés en pratique.

Alliages légers. — Ce sont, et de beaucoup, les plus intéressants. Leur nombre est considérable, mais ils se ramènent en pratique à un assez petit nombre de types. Les uns sont des alliages binaires : aluminium-cuivre; aluminium-zinc; aluminium-silicium, etc., d'autres des alliages ternaires : aluminium-cuivre-zinc; aluminium-magnésium silicium; etc... ; d'autres encore plus complexes. La proportion de corps autres que l'aluminium n'y dépasse pas 15 % et est généralement très inférieure.

Les alliages légers peuvent eux-mêmes se diviser en deux classes, suivant qu'ils comportent ou non un traitement thermique.

Les principaux alliages ne comportant habituellement pas de traitement thermique sont les suivants :

Alliage contenant de 3 à 6 % de cuivre
     —   —   8 % de cuivre
     —   —   12 % de cuivre
     —   —   3 % de silicium et 4 % de cuivre
     —   —   12 % de zinc et 3 % de cuivre
     —   —   13 % de silicium

Le dernier — l'alliage à 13 % de silicium — est connu sous le nom d'alpax ou de silumin. C'est un des plus employés en fonderie. Il est également utilisé dans le laminage et les tôles ainsi obtenues offrent une dureté minéralogique notablement supérieure à celle des tôles en aluminium.

Les alliages contenant de 3 à 6% de cuivre sont également utilisés pour la fabrication de tôles ou de barres. Leur charge de rupture varie de 22 à 28 kg/mm² à l'état écroui, mais les allongements restent relativement faibles (de 12 % à 4 % suivant la teneur en cuivre). Ces alliages sont utilisés lorsque la rigidité est le facteur essentiel sans que la résistance mécanique, à proprement parler, entre en ligne de compte. C'est le cas de certaines tôles employées pour les revêtements, celui des peignes, des aiguilles à tricoter, etc...

Les alliages à traitement thermique sont ceux qui donnent les caractéristiques mécaniques les plus élevées et les plus régulières, et qui sont par là même susceptibles d'intéresser le plus les constructeurs. Ces alliages peuvent être classés en trois catégories distinctes suivant leur composition :

1° Alliages contenant du cuivre et du magnésium avec ou sans addition de manganèse : DURALUMIN;

2° Alliages contenant du magnésium et du silicium : ALMASILIUM, ALMELEC [1];

3° Alliages contenant du cuivre avec ou sans addition de petites quantités de silicium et de manganèse : L.M., J.L. [2].

Tous ces alliages sont susceptibles de durcir sous l'influence d'une trempe effectuée à une température qui varie suivant la composition de l'alliage entre 500° et 570°.

Abandonnés à la température ambiante après la trempe, les alliages des deux premiers types voient leurs caractéristiques mécaniques, et en particulier leur charge de rupture et leur limite

1. L'almasilium et le L. M. sont utilisés pour le forgeage, le laminage, et le filage à la presse, le premier pour les pièces de résistance moyenne, le second pour celles devant offrir une résistance élevée.

2. De même, l'almélec et le J. L. sont utilisés pour le tréfilage de fils ou câbles pour conducteurs électriques, le premier pour les conducteurs de résistance moyenne, le second pour ceux devant offrir une résistance élevée.

élastique, s'élever progressivement pendant quelques jours. C'est ce qu'on appelle le phénomène de vieillissement à la température ambiante. Si, au contraire, les alliages du troisième type sont abandonnés dans les mêmes conditions à la température ambiante, leurs qualités n'en sont pas sensiblement améliorées.

Ces divers alliages, quel que soit celui de ces trois types auquel ils appartiennent durcissent par revenu. Le revenu consiste à les porter, après trempe, à une température comprise entre 100° et 200°. Le revenu peut être effectué soit immédiatement après la trempe, soit après vieillissement, dans le cas où il peut y avoir vieillissement. Le résultat est toujours le même.

En général, dans le cas du duralumin, on n'effectue pas de revenu et on se contente du vieillissement de façon à avoir un allongement plus important.

Le tableau ci-contre reproduit les caractéristiques mécaniques de chacun de ces alliages suivant les différents traitements qu'ils ont subis.

Comme on le voit ces alliages ont des caractéristiques très sensiblement différentes de l'un à l'autre.

Le duralumin, qui a une charge de rupture relativement élevée et voisine de celle de l'acier doux, peut être utilisé pour la fabrication de tôles laminées, de barres et profilés filés à la presse et de toutes pièces forgées ou estampées.

L'almasilium peut être employé sans subir de revenu après trempe, c'est-à-dire après vieillissement à la température ambiante. Toutefois, si l'on veut obtenir avec certitude une charge de rupture de 32 kilogrammes par millimètre carré, il est préférable de le faire revenir à 175°. L'allongement encore assez important qu'il conserve après traitement thermique permet de lui faire subir des opérations de transformation telles que l'emboutissage, le repoussage, la mise en forme, etc... Il est

Type de l'alliage	ÉTAT DU MÉTAL	Limite élastique	Charge de rupture kgs. mm²	Allongement %
Al-Cu-Mg _Duralumin	Recuit	5	12	25
	Trempé à 500° sans vieillissement	14	22	18
	Trempé et vieilli 8 jours à température ambiante ...	22	38 à 40	22
	Trempé, vieilli et revenu 6 heures à 175°	35	45	10
Al-Mg-Si Almasilium	Recuit	4	11	30 à 35
	Trempé à 570° sans revenu	12	18	25 à 30
	Trempé et vieilli à la température ambiante..........	16	25 à 27	30
	Trempé et revenu à 175°...	18	32 à 35	10 à 20
Almélec	Trempé à 570°, revenu à 175°, écroui et recuit à 165° ..	25	35	5 à 7
Al-Cu «L.M.»	Recuit	5	12	25
	Trempé à 530°............	18	32	25
	Trempé à 530° et revenu 12 h. à 150°	25	40 à 42	18
«J.L.»	Trempé à 530°, revenu à 165°, écroui et recuit à 150° ..	33	45	4 à 6

donc particulièrement indiqué pour la préparation de toutes les pièces fabriquées par un de ces procédés et pour lesquelles l'aluminium ne présente pas, même à l'état écroui, une résistance mécanique suffisante. Il se prête également bien aux opérations de forgeage et d'estampage. Mais en raison de sa charge de rupture relativement faible, il n'est à recommander pour ces emplois que dans les cas où une résistance mécanique élevée n'est pas nécessaire. Il y a d'ailleurs lieu de signaler que si l'on prolonge au delà de huit heures la durée du revenu après trempe on peut encore élever d'une manière sensible la charge de rupture; cette augmentation ne se fait, il est vrai, qu'au détriment de l'allongement qui devient alors très faible et ne dépasse pas 10 % environ.

PROPRIÉTÉS CHIMIQUES
RÉSISTANCE A LA CORROSION

L'aluminium est un des éléments qui, en se combinant avec l'oxygène, dégagent la plus grande quantité de chaleur. Alors que la silice ne se forme qu'en dégageant 215 calories, l'aluminium en se combinant à l'oxygène pour former l'alumine en dégage 386. C'est donc un des réducteurs les plus énergiques que l'on connaisse et cependant ce métal est pratiquement inaltérable à l'air; cela tient à ce qu'il se produit une oxydation superficielle qui recouvre le métal d'une pellicule d'alumine très adhérente, continue et imperméable, et le protège contre toute oxydation ultérieure.

Sainte-Claire-Deville, dans son admirable mémoire sur l'aluminium publié en 1854, avait déjà mis en relief cette importante propriété, en insistant sur l'inaltérabilité de l'aluminium à l'air et sur sa parfaite conservation dans l'eau, même à une température élevée.

Mais les propriétés chimiques de l'aluminium peuvent se trouver profondément modifiées par la présence de certaines impuretés et si les essais exécutés par de nombreux laboratoires ont donné lieu parfois à des conclusions différentes concernant la corrodabilité de l'aluminium et sa résistance aux agents chimiques, cela tient à ce que ces laboratoires opéraient sur des échantillons de pureté inégale.

On trouvera résumées ci-dessous les principales propriétés chimiques de l'aluminium. Ce qui suit ne s'applique qu'à l'aluminium titrant au minimum 98 %, c'est-à-dire aux qualités commerciales ordinaires. Les déchets, le métal hors titre, etc..., renfermant de notables proportions d'impuretés sont beaucoup plus attaquables.

Dans l'eau distillée, à froid ou à chaud, l'aluminium non divisé est inaltérable. Les eaux potables sont également, en général, sans action sur le métal et seules certaines eaux fortement chargées en chlorures alcalins et en sels calcaires peuvent l'altérer superficiellement.

Les acides nitrique et acétique purs n'attaquent pas l'aluminium à froid, mais à chaud, les deux premiers acides exercent une attaque sensible; hydratés, ces acides produisent une attaque variable suivant les taux d'hydratation.

L'acide chlorhydrique dilué ou concentré est le véritable dissolvant de l'aluminium; la vitesse de dissolution dépend de la pureté chimique du métal, de sa structure physique et moléculaire.

Les acides fluorhydrique et phosphorique

PRINCIPAUX ALLIAGES DE FONDERIE

Dénomination	Composition	Charge de rupture		Limite élastique (¹)		Allongements		Dureté Brinell		Densité	Retrait en millimètres par mètre
		sable	coquille	sable	coquille	sable	coquille	sable	coquille		
ALLIAGES SANS TRAITEMENT THERMIQUE											
Alpax	Si : 12-13	17–19	20–22	9–10	9–10	4–6	4	50–60	60–65	2,6	1,2
Alliage 3–6 % Cu	Cu : 3 à 6	11 à 13		5–7		1			35–45	2,7–2,8	1,5
— dit « Américain »	Cu : 8	14,5	18–20	7–8	9–10	2	2,5	45–50	65	2,86	1,4
— dit « Anglais »	Cu : 12	16-18	20	9–10	10–12	1	0,3	50–60	60	2,94	1,3
— dit « Allemand »	Zn : 12 Cu : 3	15–17	20–22	10–12		3–4	7	50–70	65	2,96	1,35
— utilisé pour coulées sous pression	Cu : 4 Si : 5		15–17		12–14		3–4			2,75	1,35
ALLIAGES COMPORTANT UN TRAITEMENT THERMIQUE											
Alliage Y	Cu : 4 Mg : 1,5 Ni : 2	19–22	26–31	16–19	22–24	0–1,5	3–6	95	100–105	2,77	1,35
Duralumin	Cu : 4 Mg : 0,5 Mn : 0,5	20–25	22–30	17–20	20–23	1–2	1–2	100	120	2,8	1,5
L.M.	Cu : 4 Si : 2	22–28	25–30	18-21	22–24	2–3	8–10	100	120	2,8	1,5

1. Limite élastique correspondant à 0,2 % d'allongement permanent.

PRINCIPAUX ALLIAGES A TRAITEMENTS MÉCANIQUES

ÉTAT DE L'ALLIAGE	Dénomination	Composition	Charge de rupture	Limite élastique[1]	Allongements	Dureté Brinell	Densité	Conductibilité à 20°
ALLIAGES DE FORGE ET DE LAMINAGE								
Alliage sans traitement thermique	Alpax	Si : 13	26	10	5	—	2,6	
Alliage à vieillissement naturel	Duralumin (Aldal)	Cu : 4 Mg : 0,5 Mn : 0,5 Si : 0,6	38–42	26	18-22	110–120	2,85	
Alliages à vieillissement artificiel	Almasilium	Si : 2 Mg : 1	32-35	18	10-20	90–100	2,6	
	L.M.	Cu : 4,75 Si : 0,75 Mn : 0,75	40	25	18	120–140	2,75	
ALLIAGES POUR CONDUCTEURS ELECTRIQUES								
Alliages comportant un traitement thermique combiné avec un traitement mécanique......	Alucable (Aldrey)	Mg : 0,4 Si : 0,6 Fe : 0,3	33-36	27	6,5	—	2,6	31,5
	Almélec	Mg : 0,7 Si : 0,5 Fe : 0,3	35	25	6	90–100	2,6	32
	J.L.	Cu : 4,5	45	33	5	110–120	2,75	28,5
	Télectal	Si : 1,5 Li : 0,1	30-40		6	80-100		31

1. Limite élastique correspondant à 0,2 % d'allongement permanent.

attaquent également l'aluminium et ces acides peuvent être employés, comme le sont les solutions alcalines de soude ou de potasse, pour le décapage superficiel du métal et l'obtention de surfaces satinées.

L'hydrogène sulfuré n'attaque pas l'aluminium.

L'aluminium se combine à l'azote pour former un nitrure d'aluminium, au bore et au silicium pour former un borure et un siliciure d'aluminium. Enfin l'aluminium donne avec le carbone un carbure cristallisé C^3Al^4.

Les alcalis et les carbonates alcalins en solution dissolvent l'aluminium en formant des aluminates solubles. L'action des carbonates alcalins peut être retardée lorsque ceux-ci sont mélangés à un silicate alcalin. Cette particularité permet l'emploi de solutions alcalines pour le nettoyage et le dégraissage de l'aluminium, sans qu'il y ait attaque sensible du métal.

Le gaz ammoniac sec est sans action sur le métal, mais sa solution aqueuse l'attaque. L'aluminium réagit sur les solutions salines des chlorures, bromures, et iodures alcalins et il est attaqué par les solutions des chlorures de calcium et de magnésium; il réagit également sur ses propres sels, chlorure, sulfate, etc..., et déplace les métaux des solutions métalliques d'argent, de cuivre, de plomb, de zinc et de mercure.

Ce dernier corps exerce une action particulièrement puissante sur l'aluminium puisque des traces de mercure suffisent pour accélérer considérablement l'oxydabilité de l'aluminium. Le métal mis en contact, même quelques instants, avec une solution très diluée d'un sel de mercure se recouvre presque instantanément à l'air d'une couche floconneuse d'alumine.

Les plus grandes précautions doivent donc être prises pour éviter le contact des produits mercuriels avec l'aluminium (éviter notamment l'emploi de thermomètres à mercure dans le matériel en aluminium).

TRAVAIL DE L'ALUMINIUM ET DE SES ALLIAGES

FONDERIE

L'aluminium pur est rarement utilisé en fonderie. Ses caractéristiques mécaniques relativement médiocres le rendent en effet peu propre à une utilisation directe; de plus, son retrait linéaire élevé (17 m/m par mètre) rend la coulée très difficile dès qu'il s'agit de pièces quelque peu compliquées ou de grandes dimensions et détermine dans celles-ci soit de fortes tensions internes, soit même l'apparition de défauts et en particulier de criques. Pour ces raisons, on lui préfère en fonderie certains de ses alliages dans lesquels il constitue d'ailleurs l'élément dominant. Les plus employés sont les suivants :

Alliage contenant	8 %	de cuivre
— —	12 %	de zinc, 3 % de cuivre
— —	13 %	de silicium (alpax ou silumin)
— —	12 %	de cuivre
— —	3 %	de silicium et 4 % de cuivre.

Les trois premiers de ces alliages sont plus particulièrement utilisés pour la coulée en sable de pièces de toutes dimensions. L'alliage à 12 % de cuivre est presque exclusivement réservé à la coulée en coquille et enfin l'alliage à 3 % de silicium et 4 % de cuivre est plutôt utilisé dans la fonderie sous pression.

En dehors de ces alliages, on en utilise un grand nombre d'autres qui dérivent d'ailleurs de ces types bien définis. Ils en diffèrent soit par les variations de la teneur des éléments principaux, soit par des additions plus ou moins importantes d'éléments supplémentaires, tels que le nickel, le manganèse, l'étain, le magnésium, etc... Les fondeurs qui sont intéressés au premier chef par les facilités de fonderie des alliages qu'ils utilisent croient généralement trouver quelque avantage à ce point de vue dans les formules particulières qu'ils préconisent, mais il n'est pas démontré qu'à ces compositions originales corresponde toujours une supériorité certaine.

Les principales caractéristiques des alliages que nous venons d'énumérer sont indiquées dans les tableaux des pages 26 et 27. Ces alliages ne comportent en général pas de traitement thermique et les caractéristiques indiquées sont celles du métal brut de fonderie. Cette gamme d'alliages permet de réaliser toutes les pièces que l'on peut être amené à exécuter en alliages légers. Il faut souhaiter, du reste, que la pratique des traitements thermiques (réduits même à leur expression la plus simple : un recuit durant quelques heures) se généralise. Les nombreuses fonderies qui les pratiquent déjà obtiennent en effet des

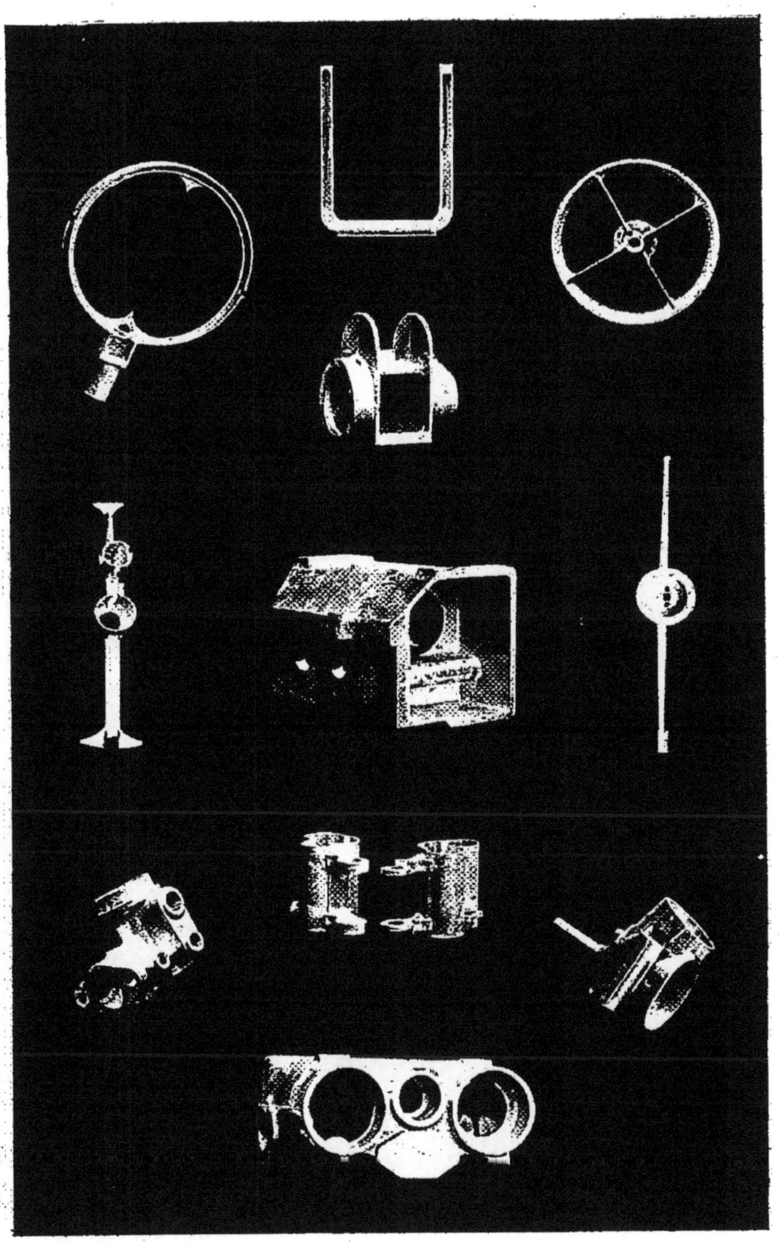

Pièces diverses en aluminium coulées sous pression.

COMPAGNIE DU CHEMIN DE FER DU NORD
Portière en Alpax en service sur certaines voitures

résultats extrêmement satisfaisants quant à la qualité et surtout quant à la régularité des pièces.

Les pièces de dimensions moyennes et celles de grandes dimensions sont généralement coulées en sable; elles nécessitent toujours un usinage ultérieur plus ou moins important. Lorsqu'il s'agit de pièces courantes soumises à des efforts peu importants et de formes simples, tels que bâtis, carters, etc..., on a recours soit aux alliages contenant 8 % de cuivre, soit à ceux contenant 12 % de zinc et 3 % de cuivre. Si, au contraire, les pièces sont de formes compliquées et présentent par suite quelque difficulté pour leur réalisation ou si elles ont à supporter en service des efforts mécaniques relativement élevés, on emploie l'alliage à 13 % de silicium connu sous le nom d'alpax ou silumin. Cet alliage traité au moment de la coulée par un procédé d'affinage spécial, possède des caractéristiques mécaniques particulièrement élevées et surtout très régulières. Son retrait est faible, ce qui tient à ce que le silicium, contrairement à l'aluminium, se dilate pendant la solidification. Pour cette raison et aussi parce qu'il est très fluide, cet alliage permet d'obtenir des pièces de très faible épaisseur parfaitement saines, qu'il serait absolument impossible de réaliser en tout autre alliage.

Les pièces de plus petites dimensions peuvent être avantageusement coulées en coquille à l'état semi-fini, l'usinage ultérieur étant généralement peu important et se réduisant souvent à un simple ébarbage.

La coulée sous pression permet enfin de réaliser avec une très grande précision des pièces de petites ou moyennes dimensions. Les pièces obtenues ainsi n'exigent généralement aucun usinage ultérieur et peuvent être utilisées dès leur démoulage.

Ces deux derniers types de coulée — coulée en coquille, coulée sous pression — et en particulier le second, nécessitent la fabrication de coquilles en aciers spéciaux qui sont souvent très onéreuses. On ne peut donc y avoir recours que pour la coulée en série de pièces destinées à être reproduites à un nombre d'exemplaires relativement élevé.

Pour certains emplois particuliers les caractéristiques mécaniques que l'on obtient avec les alliages de fonderie ordinaires sont insuffisantes, aussi est-on conduit depuis quelques années à employer en fonderie des alliages qui acquièrent après traitement thermique des caractéristiques élevées, en particulier au point de vue de la dureté. Ces alliages sont susceptibles de donner des duretés Brinell pouvant varier, suivant la composition de l'alliage, de 100 à 120.

LAMINAGE

L'aluminium, les alliages contenant de 3 à 6 % de cuivre, ceux contenant 13 % de silicium, et enfin tous les alliages à traitement thermique se prêtent parfaitement aux opérations de laminage.

Le laminage de l'aluminium pur ne présente aucune difficulté particulière. Il comporte deux phases distinctes : un ébauchage de plaques à

Poids comparés de 1 m² de tôle Aluminium, Cuivre, Acier pour diverses épaisseurs

Epaisseur	Aluminium	Cuivre	Acier
mm.	kg.	kg.	kg.
3/10	0,810	2,645	2,340
4/10	1,080	3,540	3,120
5/10	1,350	4,425	3,900
6/10	1,620	5,310	4,680
7/10	1,890	6,195	5,460
8/10	2,160	7,080	6,240
9/10	2,430	7,965	7,020
10/10	2,700	8,850	7,800
11/10	2,970	9,735	8,580
12/10	3,240	10,620	9,360
13/10	3,510	11,495	10,140
14/10	3,780	12,390	10,920
15/10	4,500	13,275	11,700
16/10	4,320	14,160	12,480
17/10	4,590	15,045	13,260
18/10	4,860	15,930	14,040
19/10	5,130	16,815	14,820
20/10	5,400	17,700	15,600
25/10	6,750	22,125	19,500
30/10	8,100	26,550	23,400
35/10	9,450	30,975	27,300
40/10	10,800	35,400	31,200
45/10	12,150	39,825	35,100
50/10	13,500	44,250	39,000
55/10	14,850	48,675	42,900
60/10	16,200	53,100	46,800

chaud et en plusieurs passes qui s'effectue généralement à une température voisine de 400° et un finissage à froid, également en plusieurs passes, qui donne aux tôles leur forme définitive. On peut obtenir des tôles de toutes dimensions et de toute épaisseur, à condition de partir d'une plaque de laminage saine et coulée avec soin. On lamine couramment des tôles dont l'épaisseur atteint 10 millimètres, la largeur 3 mètres et la longueur plus de 10 mètres. On fabrique d'autre part une grande quantité de papier d'aluminium dont l'épaisseur est inférieure au centième de millimètre.

Le laminage des alliages d'aluminium, et en particulier des alliages à traitement thermique, présente plus de difficultés. La suite des opérations est la même mais la coulée des plaques et le contrôle de la température de laminage doivent être faits avec plus de soin encore que dans le cas de l'aluminium et exigent un personnel très expérimenté. Les déchets sont toujours plus importants qu'avec l'aluminium.

FILAGE A LA PRESSE ET ÉTIRAGE

L'aluminium et les alliages à traitement thermique se prêtent également au filage à la presse et à l'étirage, mais, comme dans le cas précédent, le travail des alliages à traitement thermique est un peu plus difficile que celui de l'aluminium.

Le filage donne en une seule opération des produits finis, tels que barres, tubes, profilés de toute nature et de toutes dimensions. L'opération s'effectue à chaud à une température voisine de 400°. Une légère passe ultérieure d'étirage à froid peut être nécessaire pour obtenir des produits finis, parfaitement dressés. Le filage à la presse nécessite l'emploi de machines coûteuses dont la puissance peut atteindre et même dépasser 2.000 tonnes.

TRÉFILAGE

L'aluminium peut être tréfilé avec une grande facilité à partir du fil machine fabriqué au laminoir. On peut obtenir des fils de toutes dimensions jusqu'aux fils carcasse de 3/100ᵉ de millimètre environ de diamètre. Cette opération ne comporte aucune précaution particulière et s'effectue avec encore plus de facilité qu'avec le cuivre.

Le tréfilage de certains alliages d'aluminium est également effectué d'une manière courante. C'est ainsi que l'on tréfile le duralumin pour la préparation de rivets dont il est fait un très grand emploi pour l'assemblage des tôles et profilés dans la construction aéronautique. Ce tréfilage est effectué sur métal recuit et les rivets sont traités avant d'être individuellement utilisés dans les assemblages.

On commence depuis quelques années à utiliser en électricité des alliages offrant à la fois, une grande conductibilité et une forte résistance mécanique (Almélec — Alucable — J.L.). Leurs caractéristiques très élevées sont obtenues par une combinaison de l'influence des traitements thermiques et de l'écrouissage. La préparation de ces conducteurs demande un soin tout particulier à tous les stades de leur fabrication si l'on veut obtenir les caractéristiques mécaniques et électriques optima. Leur tréfilage peut être effectué aussi facilement que celui de l'aluminium, à condition d'utiliser des filières spécialement étudiées avec des vitesses et des passes appropriées.

FORGEAGE, MATRIÇAGE, ESTAMPAGE

L'aluminium et ses alliages se classent parmi les métaux se prêtant le mieux à la fabrication de pièces forgées, matricées ou estampées; les alliages à traitement thermique en particulier ont donné dans la pratique des résultats tout à fait satisfaisants et il y a certainement beaucoup à attendre dans l'avenir du développement de ces fabrications.

Jusqu'ici, le forgeage et le matriçage n'ont été appliqués couramment qu'à des pièces de dimensions relativement faibles. Mais sans aucun doute ils doivent être étendus à bref délai aux pièces les plus importantes. La principale difficulté à vaincre réside dans la coulée de lingots de gros tonnage parfaitement sains. Les moutons et pilons utilisés peuvent être les mêmes que ceux employés dans la métallurgie de l'acier; par contre, les matrices doivent être spécialement étudiées et il y a lieu de prohiber d'une manière formelle l'utilisation de matrices destinées au matriçage de pièces en acier, le rayon des arrondis en particulier devant être beaucoup plus important dans le cas d'alliages d'aluminium que dans le cas de l'acier. Si les matrices sont convenablement tracées on peut matricer les alliages d'aluminium à une vitesse équivalente à celle que l'on pratique pour l'acier.

EMBOUTISSAGE ET REPOUSSAGE

L'aluminium est couramment employé pour la fabrication de pièces embouties de toute nature, en particulier d'ustensiles de ménage. L'emboutissage se fait en général sur le métal recuit ou dans certains cas sur le métal demi-dur. Il est, en effet, essentiel de partir d'un métal à allongement élevé si l'on veut pouvoir réduire au minimum le nombre des passes. L'emboutissage nécessite un matériel relativement coûteux tant en ce qui concerne les presses que les poinçons. Ce mode de fabrication ne peut donc être envisagé que lorsqu'une pièce est destinée à être reproduite à un nombre d'exemplaires relativement élevé.

Lorsqu'il s'agit au contraire de fabriquer une petite quantité de pièces spéciales, on a généralement avantage à les fabriquer par repoussage au tour. Ce procédé nécessite un personnel spécialisé.

SOUDURE DE L'ALUMINIUM ET DE SES ALLIAGES

L'aluminium et ses alliages se soudent très facilement et, à condition d'observer une technique appropriée et d'ailleurs très simple, les résultats obtenus sont excellents.

La soudure des alliages de fonderie, de l'alpax en particulier, donne d'excellents résultats.

Dans le cas des alliages de forge à traitement thermique tels que le duralumin, l'emploi de la soudure exige quelques précautions spéciales, car en portant à une température relativement élevée la zone à souder, on détruit partiellement l'effet du traitement thermique, ce qui a pour conséquence de faire apparaître dans la pièce une zone de moindre résistance.

La qualité de la soudure des pièces en aluminium dépend dans une très large mesure de l'élimination de la couche très mince d'alumine qui recouvre généralement la surface de ces pièces. Il faut donc prêter la plus grande attention au choix du flux décapant et aux conditions de son emploi. Un bon flux doit attaquer presque instantanément la couche d'alumine. Il est excessivement important d'éliminer tout excès de flux lorsque l'opération de soudure est terminée, et pour cela de laver les soudures à la brosse et à l'eau chaude. Si cette précaution n'est pas prise, on risque de laisser sur la soudure des traces de flux qui déterminent ultérieurement une corrosion de la partie soudée.

Dans le cas le plus fréquent où l'on emploie une baguette d'apport, le meilleur moyen d'utiliser le flux consiste à chauffer l'extrémité de la baguette et à la tremper dans la poudre décapante de façon qu'une couche de sel vienne y adhérer. Au cours de la soudure, la fusion du fondant se fera ainsi un peu avant celle de la baguette en raison de la différence des points de fusion, de sorte que la désoxydation sera parfaite.

Dans le cas où l'on n'emploie pas de baguette d'apport, le flux est humecté d'eau de façon à le transformer en pâte, puis appliqué à l'aide d'une brosse sur la pièce à souder.

Plusieurs méthodes de soudure sont applicables dont les principales sont :

1° *Soudure autogène au chalumeau.* — Cette soudure est de beaucoup le procédé le plus employé. Elle est effectuée vers 660° au moyen du chalumeau acétylénique ou du chalumeau oxhydrique et en présence d'un flux décapant.

2° *Soudure électrique par résistance.* — C'est une soudure par points qui s'effectue avec le même matériel que celui qui est utilisé pour l'acier. La question du réglage de l'appareil exige seule quelques précautions car si l'intensité est trop forte le métal est percé, si au contraire, elle est trop faible, il n'y a pas liaison suffisante. L'écartement à donner aux points de soudure dépend de la résistance que l'on veut obtenir. Il doit être au minimum de deux fois le diamètre des électrodes et peut aller jusqu'à atteindre 5 ou 6 fois ce diamètre si les pièces à souder ne sont pas appelées à résister à des efforts particulièrement importants.

3° *Soudure tendre.* — On entend par soudure tendre une soudure comportant l'emploi de métaux étrangers tels que le zinc, l'étain, etc... Les soudures tendres diffèrent essentiellement de la soudure autogène en ce que :

a) L'extrémité des pièces à souder n'est pas amenée à l'état de fusion et le métal d'apport seul est fondu.

b) Ce métal d'apport a une composition différente de celle des pièces à assembler, cette composition étant telle que le point de fusion du
métal d'apport soit inférieur à celui des pièces à
assembler et que, d'autre part, après solidification l'alliage formé offre une résistance mécanique suffisante.

On distingue deux sortes de soudure tendre :
l'une dite « à haut point de fusion » qui s'effectue à une température de 450° à 550° et emploie
comme métal d'apport un alliage riche en aluminium ; l'autre dite « à bas point de fusion »
qui s'effectue à une température de 250° à 420° et
emploie comme métal d'apport un alliage pauvre
en aluminium et renfermant des métaux lourds
à bas point de fusion.

De ces différentes méthodes de soudure, la
soudure autogène au chalumeau est la plus
employée. Elle permet d'obtenir des joints irré-
prochables.

La méthode de soudure tendre donne également
des résultats très satisfaisants dans le cas où les
pièces ne sont pas destinées à subir des efforts
mécaniques importants ou exposées à être fréquemment soumises à l'action de l'humidité. Les
soudures d'apport contenant toutes des métaux
électronégatifs par rapport à l'aluminium, si la
soudure est placée dans une atmosphère humide
des couples ne tardent pas à se former qui tendent
à décomposer peu à peu l'aluminium. Aussi,
chaque fois qu'il s'agit de pièces exposées à être
fréquemment soumises à l'action de l'humidité, il
faut proscrire absolument la méthode de soudure
tendre et recourir à la soudure autogène. Même

dans les cas où la méthode de soudure tendre paraît applicable, il sera prudent de protéger les joints au moyen d'une couche de peinture ou de vernis.

L'aluminium et ses alliages présentant de fortes dilatations et un retrait important, des surchauffes locales peuvent causer des tensions internes considérables qui occasionneraient au refroidissement la formation de criques sur la soudure même ou dans son voisinage si des précautions spéciales n'étaient pas prises pour les éviter. Ces précautions consistent dans le cas de la soudure de tôles à « pointer » les pièces, c'est-à-dire au lieu d'effectuer la soudure d'une façon continue, à souder d'abord point par point, en commençant par le milieu et progressant ensuite de part et d'autre, après quoi l'on termine par une soudure continue.

On peut aussi souder sans pointage, en écartant préalablement les bords dans le sens de l'avancement de la ligne de soudure, mais en commençant à quelques centimètres de l'extrémité, pour laisser à la tôle son libre mouvement de ce côté, cette réserve étant soudée en dernier lieu. Les deux tôles se referment au fur et à mesure de l'avancement de la soudure, à condition que l'on ait eu soin de leur donner à l'origine un écartement convenable, qui est fonction de la puissance du chalumeau employé et de la vitesse d'exécution — et qu'un soudeur expérimenté arrive à apprécier très exactement.

Pour les pièces plus importantes ou de formes plus compliquées, on pourra être amené à provoquer sur la pièce des déformations préalables, de sens contraire à celles que la soudure est susceptible de produire et destinées à compenser ces dernières.

Dans la plupart des cas, en particulier pour les pièces moulées, il est nécessaire de chauffer les pièces avant leur soudure. D'une part, ce chauffage préalable est un excellent remède contre les criques et les défauts dus au retrait, et d'autre part, l'apport de chaleur ainsi obtenu permet de faire la soudure avec une flamme beaucoup moins intense, ce qui réduit la consommation de gaz et permet une économie.

Pour la bonne réussite de l'opération un point presque aussi important que le réchauffage préalable est la lenteur avec laquelle doit être effectué le refroidissement. Pour les pièces un peu compliquées cette opération peut exiger vingt-quatre heures. On peut ralentir beaucoup le refroidissement en recouvrant la pièce avec de la sciure de bois chaude, de l'amiante ou n'importe quelle autre matière calorifuge.

Dès que la pièce est complètement refroidie, il faut la laver et la brosser soigneusement afin d'enlever toute trace de flux décapant. D'autre part, pour augmenter la résistance mécanique, il est bon de marteler légèrement la pièce sur toute l'étendue de la soudure. Lorsque la soudure doit avoir un bel aspect on la retouche soit à la lime, soit à la meule, soit au burin, puis on la polit. Au lieu du polissage on peut employer le sablage.

Il y a lieu de veiller tout particulièrement à n'employer que la quantité de fondant juste nécessaire et à ne pas en introduire en excès.

La vitesse de soudure autogène de l'aluminium est plus élevée que celle de l'acier doux et l'adoption d'une vitesse convenable constitue une des principales difficultés qu'éprouve le débutant. Cette vitesse de soudure n'est d'ailleurs pas uniforme et le soudeur doit avancer de plus en plus au fur et à mesure que le métal devient plus chaud.

La soudure autogène des alliages d'aluminium peut se faire aussi facilement que celle de l'aluminium pur. Les bâtons de soudure doivent avoir bien entendu la même composition que celle des alliages à souder. Toutefois, dans le cas d'alliages à traitement thermique la soudure n'est pas recommandée pour les motifs déjà indiqués.

Signalons enfin qu'une méthode nouvelle de soudure autogène paraît prendre depuis quelque temps un développement important. Elle consiste, au lieu de chauffer les pièces au chalumeau, à les faire parcourir par un courant électrique d'une intensité suffisante pour déterminer la fusion du métal.

RIVETAGE

Dans le rivetage de l'aluminium, il convient de n'employer que des rivets en aluminium. De même s'il s'agit d'alliages d'aluminium, les rivets doivent être prévus en alliages identiques. L'emploi de métaux différents dans un rivetage de tôles en aluminium ou en alliages d'aluminium déterminerait en effet la formation de couples - électrolytiques qui attaqueraient très rapidement le métal au droit des rivets.

Tous les rivetages doivent être effectués à froid et il n'est pas nécessaire de réchauffer les rivets avant de les poser; dans le cas de certains alliages, cette opération serait même désavantageuse.

Le rivetage est particulièrement employé pour le jonctionnement des tôles en alliages à traitement thermique à haute résistance, tels que le duralumin, alliages qu'il est impossible de souder en leur conservant une résistance mécanique élevée dans les parties soudées.

USINAGE

L'aluminium est facile à usiner à condition que l'on choisisse judicieusement les différents outils qu'il y a lieu d'employer. D'une façon générale, on peut dire que l'usinage de l'aluminium et de ses alliages est de deux à trois fois plus rapide que celui des métaux ferreux. D'où la possibilité quand on emploie des alliages d'aluminium au lieu de métaux ferreux, de réduire considérablement l'outillage, la surface des ateliers, la main-d'œuvre de transformation, etc...

Les alliages d'aluminium peuvent en général être usinés beaucoup plus facilement que le métal pur; c'est en particulier le cas de tous les alliages à traitement thermique. Il est difficile de formuler une méthode générale d'usinage applicable à la fois à l'aluminium et à tous ses alliages, la forme des outils devant varier assez sensiblement avec la nature de ces alliages. Nous ne pouvons ici que donner un certain nombre de directives générales.

Tournage et décolletage. — Suivant la dureté de l'alliage que l'on doit usiner, l'angle d'incidence peut varier de 5 à 10° et l'angle de coupe de 30 à 45°.

Les vitesses de coupe peuvent atteindre de 100 à 120 mètres par minute pour le dégrossissage et peuvent être poussées jusqu'à 200 mètres par minute pour le finissage. L'avance peut varier de $3/10^e$ à $10/10^e$ de millimètre. La profondeur de coupe enfin dépend surtout de la puissance du tour que l'on utilise; on peut sans inconvénient atteindre 3 millimètres et même davantage.

Fraisage. — Le fraisage est surtout pratiqué pour le dressage de certaines faces des pièces de fonderie. D'une manière générale, les alliages de fonderie peuvent être fraisés avec les types de fraises courantes, telles que fraises à denture rectiligne ou fraises à denture hélicoïdale détallonnées.

L'alpax est un peu plus délicat à travailler à ce point de vue que les autres alliages courants. On n'obtient avec cet alliage des surfaces satisfaisantes qu'avec des fraises de types particuliers et en pratiquant des vitesses de coupe comprises entre 50 et 100 mètres par minute. L'avance correspondante doit être de 5 à $7/10^e$ de millimètre par tour.

Rabotage. — Le dégrossissage et le finissage de l'aluminium peuvent se faire à l'étau limeur en employant le même outil pour les deux opérations, mais en ayant soin d'affuter soigneusement avant les dernières passes. Les outils utilisés devront avoir des angles de dégagement assez grands; la profondeur de coupe et la vitesse devront être plus faibles que dans les autres opérations.

Filetage. — Le filetage peut être exécuté même avec l'aluminium le plus doux si l'outil est suffisamment dégagé. On emploie avec avantage des tarauds à cannelures hélicoïdales comportant un dégagement interne important.

Perçage. — Le perçage de l'aluminium et de ses alliages se fait au moyen de forets hélicoïdaux de type courant. Dans certains cas on a cependant intérêt à employer des forets à rainures rectilignes. Les vitesses de coupe au perçage peuvent varier de 50 à 60 mètrees par minute, ce qui correspond à une vitesse moyenne de 600 tours par minute pour un foret de 2 centimètres 1/2 de diamètre.

Sciage. — Il faut utiliser pour l'aluminium et ses alliages des scies à dentures fortes et à angles de coupe beaucoup plus aigus que pour les autres métaux. La vitesse linéaire de la scie doit être d'environ 200 mètres par minute.

Lubrifiant. — Toutes les opérations d'usinage doivent être effectuées sous lubrifiant. Les

graisses consistantes et les mélanges à base de
suif donnent en général de moins bons résultats
que les huiles solubles, le pétrole ou l'huile de
paraffine. La fluidité du lubrifiant doit dépendre
d'ailleurs du travail, de la vitesse et de l'avance.

DÉCAPAGE, SABLAGE, etc...

Ces opérations ont pour but, soit d'obtenir une
surface d'un aspect plus agréable, soit d'assurer
la parfaite adhérence d'un recouvrement : dépôt
électrolytique, peinture, vernis, etc...

Décapage. — Pour le décapage, on peut utiliser indifféremment des alcalis ou des acides. La
méthode la plus couramment employée consiste
à se servir d'une solution aqueuse de soude caustique chaude contenant de 10 à 20 % de soude,
dans laquelle on plonge l'objet pendant peu de
temps. Il est recommandé, après lavage à grande
eau, de plonger quelques instants la pièce dans
un bain contenant 15 % d'acide nitrique, de laver
à nouveau très abondamment et de sécher dans
de la sciure de bois.

Les acides utilisables sont l'acide phosphorique
et l'acide fluorhydrique; ils décapent moins énergiquement que la soude et leur emploi est plus
délicat et plus coûteux.

Sablage. — Pour les pièces de grandes dimensions, on remplace généralement le décapage
chimique par un sablage mécanique qui s'effectue

très simplement à l'aide de sableuses à air comprimé.

Satinage. — Le satinage est obtenu en soumettant les surfaces à l'action de brosses circulaires en fil d'acier animées d'un vif mouvement de rotation et devant lesquelles se déplace l'objet à satiner.

Polissage. — Le polissage s'effectue à l'aide d'un polissoir recouvert de tripoli très finement pulvérisé; le fini parfait est donné par du rouge sec dont on imprègne des disques en feutre ou en coton. On termine avec des disques en cuir de buffle, et, pour le ravivage, avec la peau de chamois. Les disques doivent tourner très vite : 2.500 tours environ.

Le polissage des petites pièces peut se faire dans un tonneau spécial renfermant de l'eau et des billes d'acier et animé d'un mouvement de rotation. On charge le tonneau de billes d'acier bien lisses et on y ajoute de l'eau additionnée d'acide oxalyque, à raison d'un gramme par litre. La vitesse doit être telle que la charge roule et ne saute pas à l'intérieur du tonneau.

Dans certains cas, il y a intérêt à fixer les pièces à polir sur des supports spéciaux à l'intérieur du tonneau, afin d'éviter le frottement des pièces les unes contre les autres.

Lorsque les surfaces sont très rugueuses, on peut faire précéder cette opération d'un premier passage dans un tonneau chargé de sable ou de granit pulvérisé mélangé avec de l'eau.

Brunissage. — Pour le brunissage, on emploie un brunissoir en acier et on utilise comme lubrifiant un mélange de vaseline fondue et d'huile avec une solution de borax additionnée de quelques gouttes d'ammoniaque.

PEINTURE ET RECOUVREMENTS

Bien que l'aluminium puisse être employé pour de nombreux usages sans aucun recouvrement ni peinture, il est nécessaire, dans certains cas, de peindre ou de recouvrir ce métal, soit qu'il s'agisse de protéger des pièces particulièrement exposées à la corrosion, soit que l'on recherche une couleur déterminée.

Peinture. — La peinture des surfaces d'aluminium est beaucoup plus économique que la peinture de surfaces correspondantes d'acier ou de bois. Il faut, en effet, beaucoup moins de couches pour peindre l'aluminium que pour peindre le bois et l'acier. C'est ainsi que pour les carrosseries de ses véhicules la Société des transports en commun de la région parisienne met seulement 7 couches de peinture sur l'aluminium au lieu de 9 sur l'acier et de 12 sur le bois.

L'aluminium doit être soigneusement lavé à la benzine avant d'être peint, afin d'éliminer toutes les traces d'huile ou de graisse qui peuvent s'y trouver. Il ne faut jamais appliquer une couche de peinture sur une surface polie, car il risquerait de se produire des exfoliations si la pièce ainsi peinte était exposée à la chaleur ou au soleil; il faut donc partir d'une surface mate qui peut être obtenue par un passage préalable au papier de verre ou d'émeri ou par un sablage. On peut également laver la surface à recouvrir au moyen d'une solution de soude caustique. Il ne faut toutefois pas oublier, après cette opération, d'éliminer toutes traces d'alcali par lavage avec une solution étendue d'acide nitrique ; on termine par plusieurs lavages successifs à l'eau bouillante.

Si la pièce a été déjà peinte, la peinture ancienne doit être soigneusement éliminée par lavage avec un solvant. La calcination au moyen d'une lampe à souder doit être prohibée dans le cas de l'aluminium, car cette opération risquerait de déterminer une déformation du métal et même, dans certains cas, la formation de soufflures si la température avait été suffisamment élevée.

En ce qui concerne le choix des peintures, il faut, pour les premières couches, proscrire l'emploi de peintures dont la nature alcaline tendrait, à la longue, à attaquer l'aluminium. Il est recommandé de passer les premières couches avec une peinture constituée par un mélange de térébenthine et d'huile de lin, ou par un mélange d'huile de lin et de vernis susceptible de sécher rapidement. Après avoir passé une première couche de peinture de cette nature, on peut passer les couches successives avec les mêmes produits et de la même manière que pour les autres métaux.

Enduits et vernis. — Les enduits à la nitro-cellulose, déposés au moyen d'aérographes, donnent des surfaces lisses, brillantes et très résistantes à l'action des agents atmosphériques.

Si les objets sont appelés à supporter des variations modérées mais brusques de température, il faut employer des vernis au four. Ces vernis s'appliquent à froid sur le métal, mais le séchage se fait dans une étuve chauffée entre 150° et 180°. On peut également employer le vernissage à la laque indo-chinoise qui donne d'excellents résultats.

Pour les emplois nécessitant une protection particulièrement efficace, on a recours à des procédés de recouvrement plus puissants : émaillage, recouvrements électrolytiques, recouvrements métalliques par des procédés mécaniques.

Émaillage. — Le point de fusion relativement bas de l'aluminium et de ses alliages interdit l'emploi d'émaux fondant à des températures élevées. On a donc recours à des émaux susceptibles d'être appliqués à froid et qui ne doivent être portés qu'à des températures modérées. Tel est le cas des bakélites, qui sont constituées en principe par un produit de polymérisation du phénol par le formol. Ces produits sont étendus à froid sur l'aluminium et portés ultérieurement à une température voisine de 150° pour acquérir leur dureté définitive.

Avec ce procédé, comme avec tous les procédés de recouvrement d'ailleurs, il y a lieu d'effectuer un décapage très poussé de la surface à recouvrir ; il doit, de plus, s'écouler un temps aussi

court que possible entre cette opération de décapage et le recouvrement de la pièce. La teinte
naturelle des bakélites est acajou foncé; on peut,
au moyen de pigments appropriés, faire varier
cette teinte depuis le jaune clair jusqu'au brun
foncé.

Nickelage, chromage, etc... — Des divers
recouvrements électrolytiques, c'est le nickelage
qui a été jusqu'ici le plus couramment utilisé;
plusieurs procédés permettent d'obtenir des
dépôts adhérents, les uns par dépôt direct
du nickel sur l'aluminium après décapage,
les autres par interposition d'un métal auxiliaire
tel que le cuivre par exemple, entre le nickel et
l'aluminium. Des recherches récentes viennent de
permettre de déposer électrolytiquement sur l'aluminium soit du cadmium, soit du chrome. Ces
deux revêtements, et en particulier celui au
chrome, sont plus adhérents que le revêtement
au nickel; de plus, l'aspect des pièces chromées
est plus séduisant que celui des pièces nickelées.
Par contre, le chromage a l'inconvénient d'être
sensiblement plus coûteux.

Shoopage. — Les dépôts métalliques obtenus
par métallisation au pistolet donnent de bons résultats avec l'aluminium. On connaît le principe de
cette méthode, connue sous le nom de « shoopage » : le métal dont on veut recouvrir l'aluminium est porté à une température supérieure à son
point de fusion et projeté à l'état de particules très
divisées sur la surface qu'il recouvre ainsi d'un
enduit homogène. Les métaux les plus recom-

mandés pour cet emploi sont le plomb, le zinc, l'étain; c'est d'ailleurs le zinc qui a donné les meilleurs résultats pour la protection de l'aluminium et de ses alliages et en particulier du duralumin, contre l'action de l'eau de mer.

Oxydation provoquée. — Il faut enfin signaler qu'en provoquant une oxydation régulière de l'aluminium on crée, à sa surface, une pellicule d'oxyde adhérente qui constitue à la fois un excellent isolement électrique et un moyen de protection efficace contre les corrosions éventuelles. Différents moyens peuvent être employés pour faire apparaître cette pellicule d'alumine à la surface du métal. Un des meilleurs est l'oxydation anodique réalisée dans un bain d'acide chromique. La couche d'alumine ainsi obtenue constitue un revêtement protecteur extrêmement efficace.

APPLICATIONS DE L'ALUMINIUM ET DE SES ALLIAGES

L'ALUMINIUM ET LES TRANSPORTS TERRESTRES

Les transports terrestres (automobiles, autobus et tramways, chemin de fer) constituent un des débouchés les plus importants de l'aluminium et de ses alliages, débouché dont la valeur ne peut que s'accroître parce que les transports tendent à prendre de plus en plus de place dans notre civilisation et qu'on leur demande toujours davantage de rapidité, de souplesse, de confort et de sécurité, qualités que le recours aux métaux légers permet particulièrement bien de satisfaire.

On paraît formuler un truisme en disant que le but des transports est de transporter du poids utile, non du poids mort. Il y a cependant très peu de temps que l'on semble s'être rendu un compte exact de la valeur de cette observation et de la nécessité qui en résulte de s'appliquer systématiquement et énergiquement à réduire le poids mort. Sans doute il est des limites à cette réduction. Les unes ont des motifs techniques :

certaines pièces, soumises à des efforts énormes,
doivent être faites en aciers à haute résistance et
avoir des dimensions qui ne sauraient être
réduites sans imprudence; par ailleurs les loco-
motives de chemin de fer pour prendre un
exemple ont besoin d'être lourdes afin d'avoir
une adhérence suffisante. D'autres ont des
motifs économiques : toute diminution de poids
mort n'est pas nécessairement rémunératrice, et
il y a un point au delà duquel, dans l'état actuel
de la métallurgie et de l'art de la construction,
un allègement supplémentaire serait sans intérêt, parfois même fâcheux. Mais ce qui ne fait
pas de doute, et ce que de récentes innovations
ont nettement démontré, c'est que la limite au
delà de laquelle la réduction de poids mort
deviendrait une erreur est bien loin d'être atteinte
et qu'il y a encore beaucoup à faire avant d'y
parvenir.

Le problème se présente dans des conditions
différentes pour l'automobile, l'autobus, le
tramway et le chemin de fer.

AUTOMOBILES

De tous les genres de transport terrestre, l'automobile est le dernier venu, justement parce que
sa réalisation posait le problème le plus difficile
à résoudre, celui de constituer sous un poids
faible un ensemble suffisamment résistant susceptible de se déplacer à une vitesse élevée. Aussi
la notion de puissance massique des moteurs

s'est-elle précisée à cette occasion et les résultats obtenus dans cette voie sont-ils tout à fait remarquables.

L'intérêt qu'offre pour la construction automobile l'emploi de métaux légers se présente sous un double aspect : il y a, d'une part, le point de vue « technique de la construction », les emplois dits « spécifiques », c'est-à-dire ceux auxquels les métaux légers conviennent tout particulièrement en raison de leurs qualités physiques ou mécaniques (légèreté, conductibilité, etc...) ; il y a, d'autre part, le point de vue « exploitation »: agrément et facilité de conduite, sécurité, réduction de la consommation d'essence, d'huile, de pneumatiques, etc...

*
* *

Les emplois dits « spécifiques » se rattachent à cinq chefs principaux : pistons, bielles, blocs cylindres, poids non suspendu, carrosserie.

Pistons. — Les pistons en aluminium ont sur les pistons en fonte l'avantage d'offrir une conductibilité thermique supérieure sous un moindre poids.

Leur légèreté permet de réduire le poids des pièces en mouvement, donc l'importance des forces d'inertie, et, par suite, d'augmenter la vitesse et la puissance du moteur. Il y a augmentation de puissance sans augmentation de poids.

D'autre part, pour réaliser la plus faible consommation spécifique, il faut accroître le taux de compression; mais alors l'auto-allumage est à redouter si, du fait de la haute compression, la température d'un point de la paroi ou du piston devient trop élevée. La grande conductibilité de l'aluminium facilite l'évacuation des calories et la température maxima sur la tête du piston, qui était de 400° à 440° dans le cas de pistons en fonte, n'est plus que de 200° à 250° dans le cas de pistons en aluminium, d'où possibilité d'adopter dans ce dernier cas un taux de compression supérieur.

Les difficultés rencontrées au début, en particulier le claquage à froid dû au coefficient de dilatation plus élevé de l'aluminium, ont été surmontées de plusieurs façons, dont l'une consiste à pratiquer des fentes sur le corps du piston. Actuellement, les pistons d'aluminium s'emploient d'une façon normale en France, en Angleterre, aux Etats-Unis, en Allemagne, soit qu'on les fasse en alpax, soit qu'on emploie d'autres alliages (12 % Cu, alliage Y, etc.).

Bielles. — Ces pièces étant animées d'un mouvement alternatif rapide, toute réduction de leur poids présente l'avantage :

1° De diminuer les forces d'inertie à vaincre;

2° De permettre une augmentation de l'accélération ;

3° De diminuer la charge sur les coussinets de tête de bielle, et par conséquent de prolonger leur durée.

Le duralumin forgé permet de réaliser ces bielles dans des conditions techniques excellentes. Aussi emploie-t-on de plus en plus les bielles en duralumin, pour lesquelles le régulage se fait maintenant sans difficulté. Depuis quelque temps, du reste, la découverte de la cémentation de l'acier par l'azote permet d'atteindre des surfaces d'une très grande dureté sur lesquelles le frottement s'effectue dans d'excellentes conditions. C'est ainsi qu'on vient de réaliser un moteur muni d'un vilebrequin en acier nitruré et de bielles en duralumin ne comportant aucun régulage. Le moteur s'est très bien comporté et cette solution présente à la fois l'avantage de la simplicité et celui d'une très grande légèreté.

Blocs-culasses, blocs cylindres. — L'avantage de l'emploi de l'aluminium pour les culasses est le même que pour les pistons ; il permet d'améliorer le dégagement de chaleur. Or, si l'on observe que sur les 4 temps il n'y en a qu'un seul où le dégagement de chaleur soit indésirable, on voit quel intérêt présente une culasse aussi perméable que possible à la chaleur. On arrive à obtenir avec des culasses en alpax présentant une surface étendue des résultats analogues à ceux que donne l'emploi de corps antidétonants.

Les châssis exposés dans les Salons de l'Automobile les plus récents ont montré que la pratique tendait à se généraliser de faire venir de fonderie le bloc-cylindre avec le carter supérieur. Cette pièce est généralement en fonte ; cependant quelques-unes des meilleures marques commencent à faire l'ensemble bloc-cylindre-carter supérieur en alpax dans lequel sont ensuite fixées les chemises en acier. Ce système paraît appelé à se développer très largement, car il se justifie par les raisons techniques suivantes :

1° Les cylindres seuls sont soumis à des efforts mécaniques considérables. Le reste du bloc n'est qu'un support. Il n'y a aucune raison de faire le support dans le même métal que la partie soumise aux efforts les plus importants.

2° L'alpax se prête très bien aux circulations d'eau qui ne le détériorent nullement.

3° Les dégagements de chaleur sont facilités.

4° L'économie de poids réalisée est très notable.

Poids non suspendu. — Toutes les parties non suspendues: roues, pont arrière et essieu avant, constituent un domaine où l'allègement est particulièrement intéressant. La tenue de la voiture sur route est, en effet, d'autant meilleure que le rapport du poids suspendu au poids non suspendu est plus élevé, car l'effet des chocs dûs aux irrégularités de la route est d'autant plus sensible que la partie non suspendue pèse davantage.

Il y a lieu de noter également que pour toutes les parties tournantes, les roues en particulier, qui ont un rayon de giration élevé, l'allègement diminue le moment d'inertie et facilite démarrage et freinage. L'allègement des roues diminue également et très sensiblement l'importance des mouvements connus sous le nom de « shimmy ».

Carrosserie. — Les avantages d'une carrosserie légère ont été mis en évidence par l'emploi des carrosseries souples, type Weymann. Mais il est incontestable que les carrosseries métalliques jouissent encore d'une très grande faveur et qu'il y a même une tendance marquée à les adopter de plus en plus fréquemment·

La carrosserie en aluminium concilie dans une large mesure les avantages des deux autres puisqu'elle est plus solide que la carrosserie souple et plus légère que la carrosserie acier.

A cet exposé des emplois *spécifiques* de l'aluminium et de ses alliages dans l'industrie automobile il faut ajouter trois considérations qui méritent de retenir l'attention des constructeurs:

a) Les métaux légers conservent à l'état de vieux métaux ou de déchets une valeur qui atteint 60 % de leur valeur à l'état de neuf ;

b) Les métaux légers sont notablement plus faciles à usiner que les métaux ferreux. Les vitesses d'usinage sont deux ou trois fois plus grandes, ce qui permet d'assurer une même production avec un outillage, une surface d'atelier, un personnel, sensiblement réduits ;

c) Dans les pays où les droits de douane sont fonction du poids, un allègement des voitures peut faciliter leur introduction sur un marché étranger.

*
* *

Au point de vue du service ou, si l'on préfère, de *l'exploitation*, les principales qualités que l'on demande à une voiture sont la facilité et l'agrément de la conduite, la sécurité, l'économie des dépenses.

Une voiture est facile et agréable à conduire quand elle a des démarrages et des arrêts rapides,

des reprises faciles, et est capable de bien monter les côtes. Comme l'a dit M. Goudard, président de la Chambre syndicale des fabricants d'accessoires d'automobiles, les accélérations positives et négatives donnent beaucoup plus d'agrément dans la conduite que la vitesse pure. Or, pour un moteur donné, ces accélérations ne dépendent que du poids. L'agrément de conduite est donc inversement proportionnel au poids. Première raison pour alléger les voitures.

La sécurité en fournit une seconde : une voiture marchant à une allure quelconque s'arrêtera d'autant plus vite qu'elle sera plus légère.

Quant au rapport étroit existant entre les dépenses d'exploitation et le poids, il est évident. Sans doute, une partie de la puissance du moteur est utilisée à vaincre la résistance de l'air, et celle-ci dépend uniquement des dimensions de la voiture, non de son poids. Mais ce n'est qu'aux très grandes vitesses que cette résistance représente un élément important de l'effort de traction (30 % environ à 60 kilomètres à l'heure, 50 % à 120 kilomètres à l'heure). Par contre, la traversée des agglomérations oblige à des ralentissements ou des arrêts qui se traduisent par des reprises et des démarrages où l'influence du poids mort reste entière. Enfin, il faut compter qu'un nombre considérable d'automobiles est en service dans les villes où le nombre de reprises et de démarrages est extrêmement élevé, et il ne faut pas oublier que le moteur d'automobile travaille au démarrage dans des conditions très défavorables et que la consommation pour cette période est de trois à quatre fois plus élevée qu'en marche normale.

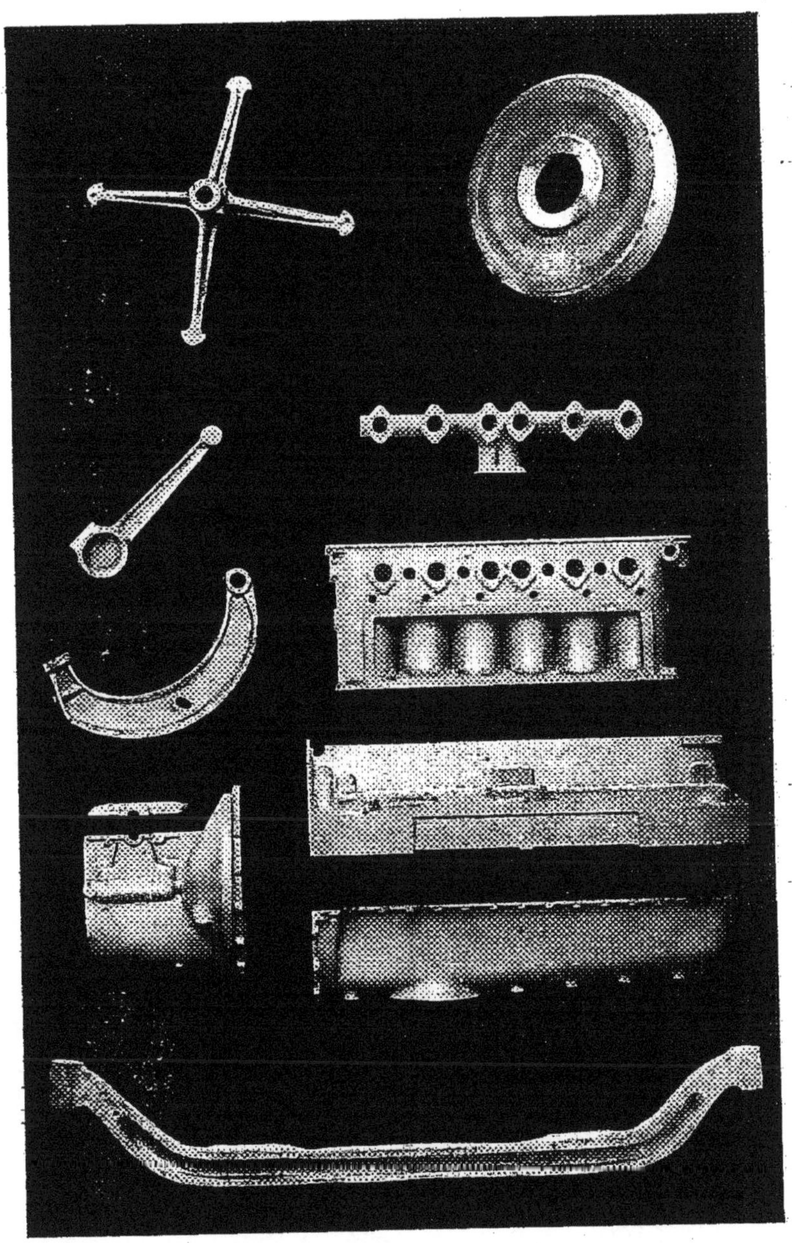

Diverses pièces d'automobiles, coulées ou forgées
en différents alliages d'aluminium.

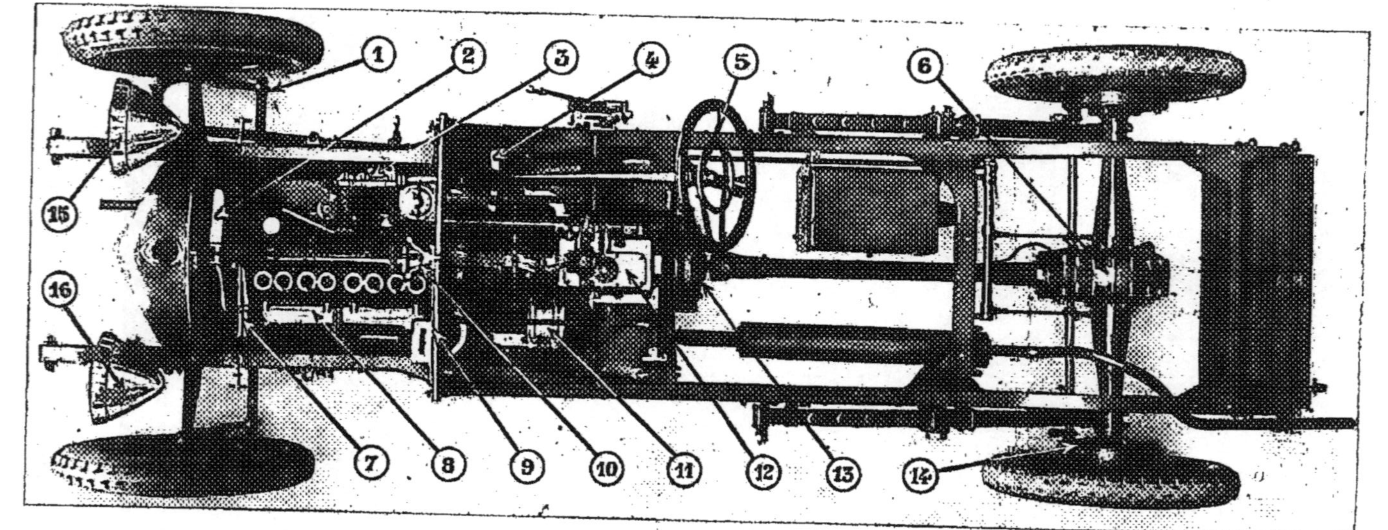

QUELQUES PIÈCES EN ALUMINIUM SUR UN CHASSIS D'AUTOMOBILE
(Type Rochet-Schneider 12 CV)

1. Cache-poussière d'articulation. — 2. Ventilateur et son support. — 3. Carter de la direction. — 4. Patins de pédales. — 5. Volant de direction. — 6. Carter de pont-arrière. — 7. Couvercle de la distribution. — 8. Carters inférieur et supérieur du moteur. — 9. Planche avant et protecteurs. — 10. Support du klaxon. — 11. Support du démarreur. — 13. Carter des vitesses et son couvercle. — 13. Carter étanche du cardan. — 14. Boîtes de roulement. — 15. Porte de phare Marchal. — 16. Boîtes de phare Marchal en aluminium nickelé ou chromé.

Il est possible de chiffrer, au moins approximativement, l'ordre de grandeur des économies d'exploitation en fonction des économies de poids. En ce qui concerne l'essence, on peut admettre, en moyenne, que pour 100 kilomètres parcourus, une voiture consomme un litre d'essence par 100 kilos de son poids à vide.

Pour les pneumatiques, il est assez difficile de donner des chiffres, étant donné le grand nombre de facteurs qui interviennent (nature de la chaussée sur laquelle la voiture est destinée à se déplacer normalement, dimensions et types des pneumatiques, pression, etc..). Mais les chiffres suivants, relatifs à l'influence de la surcharge sur la durée d'un pneumatique, donneront une idée de l'importance du facteur poids :

	A charge normale	EN SURCHARGE		
		de 10 %	de 20 %	de 30 %
Voitures de tourisme	100	80	70	40
Poids lourds	100	75	60	30

On voit par là quelles économies d'exploitation peuvent être obtenues par l'allègement des véhicules et l'intérêt que peut avoir un acheteur à consentir un supplément de prix à l'achat si ce supplément de prix correspond à un emploi plus étendu de métaux légers et, par là, à une diminution de poids.

Le supplément de prix que l'on pourra ainsi consentir avantageusement peut être déterminé approximativement par la règle suivante :

Pour un parcours d'amortissement de 60.000 kilomètres (chiffre qui n'a rien d'excessif), une économie de 1 kilogramme sur le poids mort justifie un supplément de prix égal au prix d'achat de 1 kg. 500 de véhicule.

Si, par exemple, une voiture de 1.000 kilos est vendue 20.000 francs — soit 20 francs le kilo — et s'il est possible de ramener son poids à 900 kilos par l'emploi de métaux légers, l'acheteur aura intérêt à consentir, pour la voiture allégée, un supplément de prix égal à

$$100 \times 20 \times 1,5 = \text{Fr. } 3.000$$

somme qu'il récupérera sur les économies d'exploitation.

CAMIONS, AUTOBUS ET TRAMWAYS

Les camions, autobus et tramways constituent un genre de transport intermédiaire entre les automobiles et le chemin de fer. Les tramways se rapprochent un peu plus du chemin de fer parce qu'ils comportent des rails, mais leurs conditions d'exploitation en sont très différentes. Au triple point de vue du tonnage transporté, de la distance parcourue et de la vitesse réalisée, les camions, autobus et tramways se présentent dans des conditions très comparables.

Les camions et autobus étant munis de moteurs semblables aux moteurs d'automobile — dimensions à part — tout ce qui a été dit précédemment des emplois spécifiques des métaux légers dans la construction des moteurs d'automobile (pistons, bielles, blocs-moteurs, etc...) s'applique ici intégralement. Il en est de même en ce qui concerne les parties non suspendues : roues, pont-arrière, essieu-avant, etc...

L'exécution du panneautage en aluminium ou en alliage d'aluminium offre pour les autobus et les tramways le plus grand intérêt. On tend en effet de plus en plus à donner à ces voitures un galbe utilisant au mieux le gabarit, tout en satisfaisant l'esthétique et réduisant au minimum la résistance de l'air, d'où il résulte parfois des formes un peu compliquées auxquelles les tôles d'aluminium se prêtent parfaitement. Les panneautages en aluminium ont, en plus sur ceux en bois, l'avantage d'être beaucoup plus faciles à exécuter; plus faciles à peindre; plus faciles à entretenir, le bois résistant mal aux influences atmosphériques qui le font jouer, fendiller et par suite écaillent la peinture; plus faciles enfin à réparer: alors qu'une pièce de bois brisée doit être complètement remplacée, une pièce en aluminium peut être réparée très aisément par soudure autogène ou martelage.

Comparés aux panneautages en acier, les panneautages en aluminium ont l'avantage de se façonner à froid très facilement, alors que l'acier exige des recuits si l'on veut éviter les criques; d'exiger un outillage sensiblement moins important; d'être plus rapidement exécutés, le temps nécessaire pour exécuter des panneautages d'aluminium étant seulement les deux tiers de celui nécessaire pour la tôle d'acier; de ne pas s'oxyder, tandis que la tôle d'acier se rouille rapidement, parfois même sous une couche de peinture, ce qui diminue l'adhérence de cette dernière qui s'écaille et se fendille.

Enfin, il va sans dire que le panneautage en aluminium procure une économie de poids considérable. A rigidité égale, le panneautage d'aluminium pèse seulement la moitié de celui en acier.

Si le panneautage est un des emplois qui permet de réaliser les plus importantes économies de poids, ce n'est pas le seul: les profilés, les tubes, les supports de siège, les accoudoirs, etc... peuvent aussi être avantageusement réalisés en aluminium ou alliage d'aluminium. C'est en Amérique que les efforts les plus suivis ont été faits jusqu'ici dans ce sens, et plusieurs Compagnies y sont arrivées par des emplois judicieux et étendus des métaux légers à réduire de 30 % le poids de leurs voitures.

CHEMINS DE FER

C'est seulement assez récemment que l'intérêt de l'emploi des métaux légers dans la construction du matériel roulant de chemin de fer est apparu nettement. Cela tient beaucoup au développement de la construction métallique. En effet, les nouvelles voitures de voyageurs sont maintenant presque toutes entièrement métalliques. Elles constituent une véritable poutre et travaillent comme telles, d'où il en résulte un accroissement très notable de la sécurité. La résistance des voitures est considérablement augmentée, les dangers d'incendie sont très réduits et on fait disparaître enfin les dangers des blessures si graves dues au éclats de bois.

Par contre, les voitures entièrement métalliques ont l'inconvénient d'être très lourdes. Leur poids atteint couramment 45 tonnes. Il en résulte que les trains, et spécialement les rapides et express, ne peuvent comprendre qu'une dizaine de voitures. Un allègement de 5 tonnes ou d'un multiple de 5 tonnes par voiture permettrait, sans modifier la charge totale, d'ajouter une ou plusieurs voitures supplémentaires au train, ce qui constituerait pour les Compagnies un avantage très important. L'addition de voitures supplémentaires se traduit en effet non seulement par la faculté de transporter en plus le nombre de voyageurs correspondant, mais aussi parfois par la possibilité d'éviter la création d'un train *bis*, avantage inappréciable pour les réseaux dont les horaires sont très chargés.

Dans les cas où l'addition de voitures supplémentaires ne serait pas à envisager, l'allègement des voitures se traduirait par une diminution des frais de traction par suite de la réduction du poids du matériel remorqué. Cette considération est également très importante, spécialement pour les lignes où la consommation d'énergie est particulièrement élevée en raison de pentes fortes, de courbes nombreuses ou de démarrages fréquents.

L'ALUMINIUM ET L'AÉRONAUTIQUE

Le premier matériel employé dans la construction des avions a été le bois. Les assemblages des pièces de bois se faisaient soit par collage, soit au moyen de ferrures: des tendeurs en fil d'acier reliaient les diverses parties entre elles. L'emploi du bois était beaucoup plus commode pour la construction telle qu'on la pratiquait alors, c'est-à-dire la construction d'avions isolés ou en petite série suivant des plans peu détaillés. L'emploi du métal exige, en effet, un outillage beaucoup plus important et des plans établis d'une manière plus précise, l'ajustage devant porter sur des fractions de millimètres au lieu de centimètres dans le cas du bois.

La solution bois n'était évidemment pas une solution définitive. C'est la solution transitoire par où sont passés tous les procédés de locomotion : bateaux, voitures, wagons de chemins de fer, carrosserie d'automobiles. Dans tous les cas, le métal a déjà supplanté ou est en train de supplanter le bois.

Pour l'aviation, il devait en être de même. L'acier n'a commencé à y être employé sous forme de tubes et de profilés que vers 1910 et timidement encore. L'usage du duralumin y a été introduit peu avant 1914, mais s'est beaucoup développé pendant et depuis la guerre.

On construit encore quelques rares avions

entièrement en bois; on construit beaucoup d'avions mixtes bois et métal; mais la majorité appartient dès maintenant aux avions entièrement métalliques. La question ne se pose donc plus de savoir si dans l'avenir on emploiera du bois ou du métal. La seule question qui se pose est de savoir si l'on emploiera de l'acier ou des alliages légers, et il semble bien qu'elle doive se résoudre par un emploi simultané de ces deux métaux.

La conception de l'avion métallique diffère d'un pays à l'autre. En France et en Allemagne l'avion métallique est en duralumin; en Angleterre et aux Etats-Unis il est en acier. Les autres pays s'inspirent plus ou moins de ces deux tendances. Mais nulle part on n'a l'impression d'être arrivé à une solution définitive, et l'on constate actuellement qu'en France et en Allemagne l'acier à haute résistance tend à remplacer le duralumin dans certaines pièces, alors que l'emploi du duralumin se développe progressivement dans la construction anglaise et américaine.

Nous assistons donc à une évolution en sens inverse de la construction aéronautique dans ces divers pays, évolution qui tend à identifier les procédés de construction en les orientant vers un emploi simultané de l'acier et des alliages légers. L'acier à haute résistance (120 kilogrammes environ) est employé pour la fabrication des pièces devant offrir une grande solidité sous un faible volume et à condition que le calcul ne conduise pas à des épaisseurs trop faibles. Dans les autres cas, le duralumin est préférable, tant à cause de sa facilité de laminage que de la résistance plus grande qu'il oppose aux flambements locaux.

Il semble bien que le stade le plus avancé de constructions aéronautiques soit représenté à l'heure actuelle par les avions ne comportant pas de toile, celle-ci étant remplacée par un recouvrement en alliage léger qui participe à la résistance de l'ensemble de l'avion. Les ailes sont alors construites comme des poutres composées dont l'âme varie aussi bien dans la longueur que dans la largeur. Ces avions sont particulièrement insensibles à l'action de la pluie, de la neige ou du soleil, ce qui n'est pas le cas des avions comportant de la toile.

Les moteurs d'aviation comportent un large emploi de métaux légers pour la fabrication des pistons, des bielles (cependant celles-ci sont assez fréquemment faites en acier à haute résistance), des carters qui sont faits en alliage à 8-10 % de cuivre ou en duralumin matricé, des blocs-moteurs en alliage aluminium-cuivre ou en alpax dans lequel sont vissées des chemises d'acier.

Les hélices, enfin, se font de plus en plus en duralumin. En particulier tous les avions qui ont traversé l'Atlantique étaient munis d'hélices en duralumin. Leurs pales sont plus minces que celles des hélices en bois, ce qui améliore le rendement. De plus, elles résistent beaucoup mieux que le bois à la pluie, à la grêle, au choc des cailloux, etc...

Dans ce qui précède, il n'est question que de la

Rabotage final d'une hélice forgée en duralumin.

Montage du plan supérieur sur un avion en duralumin, du type Bréguet 19 avec lequel Coste et le Brix ont totalisé plus de 650 heures de vol.

Cliché de la « Revue de l'Aluminium »

Le Laboratoire d'électricité de l'Ecole Centrale des Arts et Manufactures,
dont le tableau de distribution est équipé avec des barres en aluminium.

construction des avions, seule pratiquée en France à l'heure actuelle, alors que d'autres pays continuent à construire aussi des dirigeables. On sait par ailleurs quel large emploi l'aluminium et surtout le duralumin ont trouvé dans la construction de ces engins.

L'ALUMINIUM
DANS LA CONSTRUCTION NAVALE

Les caractéristiques mécaniques et la légèreté de l'aluminium et de ses alliages en font un matériau particulièrement intéressant pour la construction des navires. L'aluminium, il est vrai, est attaqué à la longue par l'eau de mer et c'est cet inconvénient qui a empêché, jusqu'à présent, d'en faire le très large emploi que lui réservaient ses autres qualités.

Cependant cette objection a perdu depuis quelque temps beaucoup de sa force. D'une part, en effet, on a reconnu que certains alliages résistent de façon très satisfaisante à l'action de l'eau de mer, l'alpax par exemple. D'autre part, on s'est rendu compte que la corrosion peut toujours être évitée par la peinture et on s'habitue maintenant à peindre l'aluminium comme on a toujours peint le fer. L'emploi de métaux et alliages légers est donc tout à fait indiqué dans le cas de pièces faciles à visiter et sur lesquelles on peut facilement entretenir la peinture.

Dans la marine de guerre, où la limitation du tonnage imposée par le traité de Washington a contraint les ingénieurs à rechercher par tous les moyens des économies de poids mort, les emplois de l'aluminium croissent avec rapidité.

Dans la marine de commerce l'emploi de l'aluminium se développe moins rapidement, mais il n'est pas douteux qu'il doive devenir assez vite important.

Parmi les nombreuses pièces susceptibles d'être réalisées en métaux légers, on peut citer: les bâtis de moteurs, de nombreuses pièces de moteurs Diesel (pistons, etc...), les canalisations, les mains courantes, le mobilier et toutes sortes de pièces de décoration.

L'ALUMINIUM EN ÉLECTRICITÉ

L'aluminium a dû vaincre, pour arriver à la situation qu'il occupe actuellement dans l'industrie électrique, de nombreux préjugés. Aujourd'hui, et grâce aux multiples réalisations effectuées depuis de longues années, son utilisation ne soulève plus d'objections de principe, mais les avantages tant techniques qu'économiques que peut procurer son emploi sont encore fréquemment mal connus.

Quelques chiffres permettront de se rendre compte immédiatement de ce que peuvent être ces avantages :

		Aluminium	Cuivre
Densité		2,70	8,89
A égalité de conductibilité	rapport des sections	1,666	1
	— diamètres	1,29	1
	— poids	50,25	100
A égalité d'échauffement	rapport des sections	1,405	1
	— poids	42	100
A égalité de section	rapport des conductibilités	0,61	1
	— poids	30	100
Tension critique en volts de l'effet de couronne à égalité de conductibilité		$1,20\ n$	n
Self-induction relative à égalité de conductibilité		0.95	1
Capacité relative à égalité de conductibilité		1,05	1

Les deux chiffres les plus intéressants de ce tableau sont évidemment ceux qui correspondent à la densité et à la conductibilité. La densité de l'aluminium est légèrement inférieure au tiers de celle du cuivre, alors que sa conductibilité est sensiblement égale à 60 % de celle du cuivre.

Mais, pour donner à ces chiffres toute leur signification, il faut tenir compte également des prix respectifs de l'aluminium et du cuivre, de façon à comparer la conductibilité économique de ces deux métaux. Prenons, par exemple, les prix réellement pratiqués par les tréfileurs de cuivre et d'aluminium à la date du 1er janvier 1928; on trouve, pour rapport des prix au kilogramme du fil d'aluminium et du fil de cuivre, tous deux étant pris sous forme de fils de 30/10e de millimètre ou plus :

Prix du kilogramme d'aluminium.. Fr. 15.50
Prix du kilogramme de cuivre..... Fr. 10.95

$$\frac{\text{Prix Al.}}{\text{Prix Cu.}} = \frac{15,50}{10,95} = 1,41$$

La conductibilité économique de l'aluminium ressort donc, par rapport à celle du cuivre, à :

$$\frac{0,60}{\dfrac{2,70 \times 1,41}{8,89 \times 1}} = 1,40$$

Elle est donc supérieure de 40 % à celle du cuivre.

Pour les câbles, l'avantage que procure l'aluminium est un peu moins accentué. Il varie légèrement suivant la nature du câble envisagé et le nombre de brins le composant, mais même dans ce cas la conductibilité économique de l'aluminium reste supérieure de 30 à 35 % à celle du cuivre, ce qui est encore considérable.

On trouvera ci-dessous quelques indications sur les principales caractéristiques électriques de l'aluminium.

Résistivité. — La résistivité de l'aluminium varie légèrement avec son degré d'écrouissage. Elle est un peu plus faible pour les fils recuits que pour les fils écrouis. Les valeurs proposées à la Commission électrotechnique internationale pour la résistivité de l'étalon d'aluminium sont de :

2,86 microhms cm/cm^2 pour l'aluminium écroui à 20°.

2,82 microhms cm/cm^2 pour l'aluminium recuit à 20°.

Coefficient de température. — Les coefficient de température de l'aluminium, tel qu'il a été proposé à la Commission électrotechnique internationale, est de 0,00400 pour l'aluminium écroui et de 0,00406 pour l'aluminium recuit.

Inductance. — La valeur de la self-induction dépend de la perméabilité des conducteurs, de leur diamètre et de leur position respective. La perméabilité de l'aluminium est, comme celle du cuivre, égale à l'unité. A égalité d'écartement entre conducteurs et pour une même conductibilité électrique, la self-induction d'une ligne en aluminium est plus faible que celle d'une ligne en cuivre. (Voir les tableaux, pages 84 et 85.)

Capacité. — La capacité électrostatique varie dans le même sens que le diamètre du conducteur. Par suite, à égalité de conductibilité, la capacité d'une ligne d'aluminium sera supérieure à celle d'une ligne en cuivre.

Il résulte des variations de l'inductance et de la capacité que la réactance d'une ligne d'aluminium est plus faible que celle d'une ligne en cuivre de conductibilité égale et par conséquent la chute de tension dans l'aluminium est sensiblement plus faible. Le gain peut atteindre et même dépasser 5 % avec des charges fortement inductives. C'est un avantage très appréciable.

Effet corona. — La perte d'électricité à travers l'air (effet de couronne) est loin d'être négligeable spécialement aux hautes altitudes dès que l'on dépasse la tension de 50.000 volts. Les pertes d'énergie commencent à se produire à un voltage appelé « voltage critique disruptif » donné par l'expression :

$$Vc = 2,302 \ k\varphi dr. \ \log. \ \frac{D}{r}$$

dans laquelle :

k est un coefficient égal à 1 pour les fils lisses et polis et voisin de 0,85 pour les câbles.

φ est la résistance diélectrique de l'air à 25° centigrades; on peut la prendre égale à 21 volts par centimètre.

D est la distance entre conducteurs exprimée en centimètres.

r est le rayon du conducteur exprimé en centimètres.

d est un coefficient donné par la relation :

$$d = \frac{3,92 \ H}{273 + t}$$

où H représente la hauteur barométrique en centimètres de mercure et t la température en degrés centigrades.

A égalité de conductibilité, le voltage critique

est, dans le cas de l'aluminium, supérieur à celui qui correspond au cuivre. C'est-à-dire que pour une tension donnée les pertes par effet de couronne sont plus faibles dans le cas de lignes en aluminium.

LIGNES AÉRIENNES

La construction rationnelle d'une ligne électrique, la nature du conducteur étant supposée déterminée, exige une étude complète des conditions du problème, conduite indépendamment de celle de tout autre procédé de construction. La nature du conducteur réagit en effet sur les portées et flèches admissibles, sur le nombre et l'emplacement des pylônes, etc...

Il en résulte que dans le cas d'une ligne susceptible d'être construite à l'aide de conducteurs différents, on commettrait une faute grave en faisant l'étude complète de l'un des cas, celui de la ligne en cuivre par exemple, se contentant ensuite d'examiner ce qui se passerait si l'on substituait au fil de cuivre un fil d'un autre métal, tout le reste étant supposé inchangé.

De même, la section la plus économique, telle qu'elle résulte de l'application de la règle de Lord Kelvin, doit être déterminée dans chaque cas, et si on calcule pour une ligne en cuivre la section correspondant à la densité de courant la plus économique, la section d'aluminium-acier ou d'un alliage d'aluminium qui correspondrait à cette section de cuivre au point de vue conductibilité n'est pas nécessairement la section la plus économique pour ce nouveau type de conducteur.

L'aluminium utilisé comme conducteur dans les lignes électriques peut être employé sous trois formes :

1° Aluminium proprement dit;
2° Câbles mixtes aluminium-acier;
3° Alliages d'aluminium.

1° Aluminium proprement dit. — C'est le seul mode sous lequel l'aluminium ait été utilisé comme conducteur électrique, soit sous forme de fil, soit sous celle de câble, jusque vers 1910, les câbles mixtes aluminium-acier ayant fait leur apparition à ce moment-là. Les câbles en aluminium-acier n'ont d'ailleurs pas supplanté complètement l'aluminium, qui continue à être employé non seulement sous forme de fil, mais encore sous celle de câble lorsqu'il ne s'agit pas de réaliser de très grandes portées.

2° Câbles mixtes aluminium-acier. — On appelle ainsi des câbles dont l'âme est constituée par un ou plusieurs fils d'acier galvanisé autour desquels sont enroulés des fils d'aluminium. L'acier renforce la résistance mécanique de l'aluminium et l'aluminium assure la conductibilité électrique.

Les câbles les plus généralement employés sont formés de brins d'acier et d'aluminium ayant le même diamètre. Les types les plus courants sont les types à 7 brins (1 brin d'acier et 6 brins d'aluminium) et les types à 37 brins (7 brins d'acier et

ÉNÈRGIE
INDUSTRIELLE

Ligne à 60.000 volts
de Breil à Menton.

Portée 2.000 m.

Câble aluminium-acier
spécial de 108 m/m.

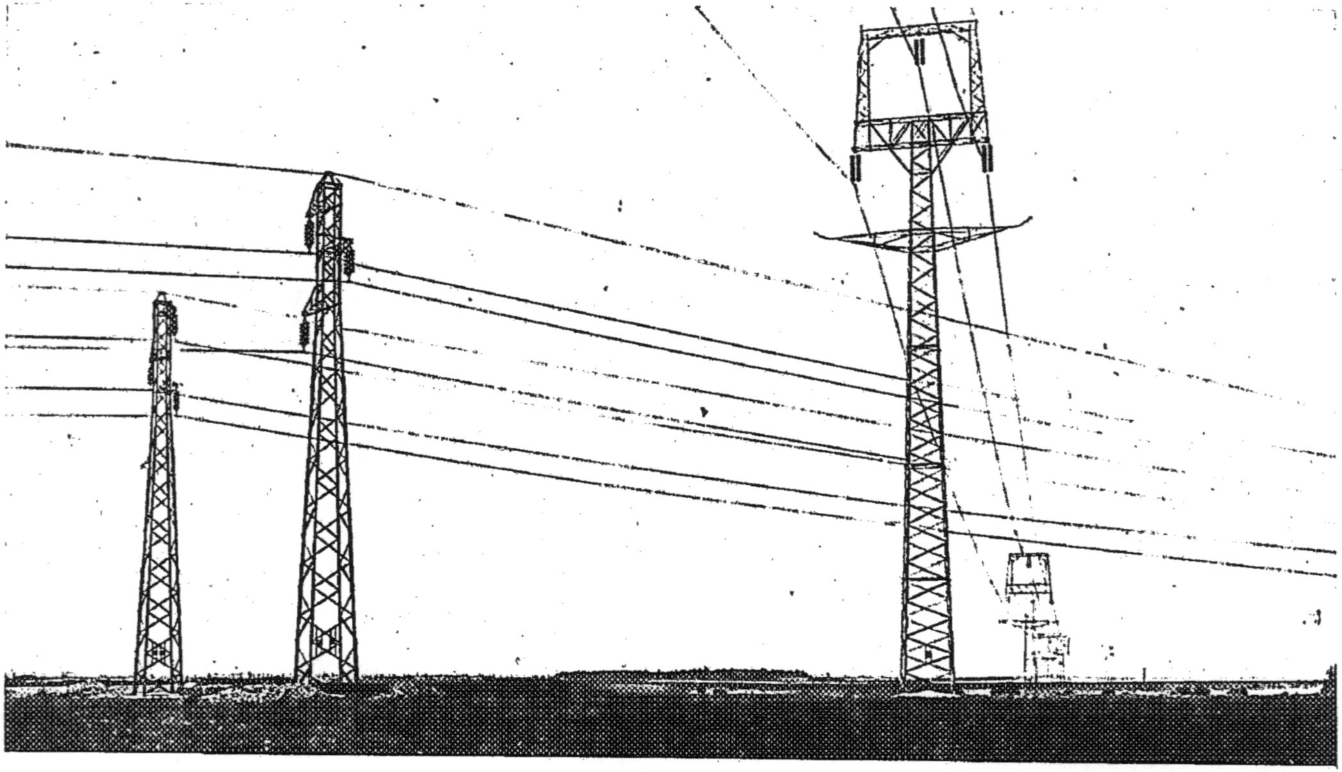

Extrait du Film sur l'Aluminium

COMPAGNIE DU CHEMIN DE FER DE PARIS A ORLEANS

Croisement de la ligne de 150.000 volts (Eguzon-Chaingy) avec les deux lignes de 90.000 volts (Région d'Issoudun).

30 brins d'aluminium). Mais il est possible de réaliser des combinaisons très différentes. En Amérique, on emploie couramment le type à 61 brins.

La longue pratique des lignes en aluminium-acier que l'on possède dès maintenant a montré qu'il n'y avait pas lieu de se préoccuper des glissements théoriquement possibles entre l'aluminium et l'acier en raison de leurs cœfficients de dilatation différents. De même, il n'a jamais été constaté d'attaques électrolytiques entre l'aluminium et l'acier galvanisé; cela tient certainement, d'une part au faible écart qui sépare l'aluminium du zinc dans la série électrolytique, et d'autre part à l'étanchéité parfaite assurée par les fils d'aluminium que la tension mécanique serre très fortement les uns contre les autres et qui maintiennent ainsi l'âme centrale à l'abri de toute humidité.

Bien que la perméabilité électrique de l'acier soit considérable par rapport à celle de l'aluminium et du cuivre, les conducteurs aluminium-acier ne présentent pas une inductance élevée. Cela tient à ce que la résistivité de l'âme étant d'environ vingt fois celle de l'aluminium, il ne passe presque pas de courant dans l'acier (le rapport des intensités dans l'âme d'acier et dans l'aluminium dans le cas d'un câble à 7 brins serait de $1/120^e$ ce qui est pratiquement négligeable). De plus, dans le cas de courants alternatifs, l'effort pelliculaire vient encore diminuer l'intensité du courant passant dans l'acier.

3° Alliages d'aluminium. — On a réussi

récemment à fabriquer des alliages d'aluminium offrant à la fois une conductibilité électrique très voisine de celle de l'aluminium et une résistance mécanique beaucoup plus élevée. Ces alliages sont de plusieurs types :

Alliages renfermant du magnésium et du silicium ⎰ dénommés : *Almélec* ou *Alucable* en France ; *Alliage n° 3* ou *Aldrey* en Suisse et en Allemagne

Alliage renfermant du cuivre ⎰ dénommé : *J.L.* en France.

Leurs qualités mécaniques tiennent aux traitements thermiques qu'on leur fait subir et qui sont comparables à ceux que subissent certains aciers.

En raison de leur grande résistance mécanique et de leur légèreté, ces alliages sont, de tous les métaux conducteurs, ceux qui permettent à égalité de sécurité d'employer les flèches les plus réduites, c'est-à-dire les supports de plus faible hauteur, ou bien, à égalité de flèche et de sécurité, d'employer les portées les plus grandes, c'est-à-dire le nombre de supports le plus réduit. Ils apparaissent donc au point de vue économique comme particulièrement avantageux.

La construction de câbles mixtes comportant une âme d'acier autour de laquelle s'enrouleront des fils constitués par un des alliages ci-dessus, offre enfin des possibilités splendides pour les très grandes portées, ainsi qu'il a été indiqué à la Conférence Internationale des Réseaux à très haute tension de 1927.

Ces alliages étant tout à fait nouveaux n'ont encore été utilisés que dans des cas peu nombreux.

On trouvera par ailleurs la liste des principales lignes en aluminium, en aluminium-acier, ou en alliages d'aluminium existant en France.

Les deux tableaux comparatifs ci-après donnent les principales constantes mécaniques et électriques du cuivre, de l'aluminium, de l'aluminium-acier, de l'almélec et du J.L.

Renseignements relatifs au tirage, à la pose et à la fixation des conducteurs en aluminium, aluminium-acier ou almélec. — Les câbles sont généralement livrés sur tourets ou sur croisillons et les fils en couronnes de dimensions variables.

Les tourets ou couronnes étant fixés en tête de la ligne et munis d'un frein destiné à maintenir une tension convenable, le brin à dérouler est monté au fur et à mesure de son passage devant les poteaux sur des poulies de bois ou d'aluminium accrochées aux ferrures des isolateurs. De cette façon, tout en diminuant l'effort à vaincre pour dérouler le câble, on évite complètement toute cause de détérioration par suite de contact avec le sol.

Pour ne pas blesser le métal, il est bon de garnir les tendeurs, serre-fils et pinces d'une fourrure en bois ou en aluminium.

Les chefs monteurs doivent être munis de

TABLEAU COMPARATIF DES PROPRIÉTÉS MÉCANIQUES ET ÉLECTRIQUES DU CUIVRE, DE L'ALUMINIUM, DE L'ALUMINIUM-ACIER, DE L'ALMÉLEC ET DU J. L.

	Cuivre	Aluminium	Aluminium-Acier			Almélec	J.L.
			7 brins	37 brins	61 brins		
Densité (écroui)	8,95	2,7	3,58	3,85		2,7	2,8
Conductibilité électrique	100	60	51,5	49		55	48
Coefficient de dilatation linéaire	16.10^{-6}	$22,8.10^{-6}$	$18,2.10^{-6}$	$17,25.10^{-6}$		23.10^{-6}	23.10^{-6}
Tension de rupture kg/mm² ..	42	20	29	32		35	45
Limite d'élasticité kg/mm².....	23 à 25	11 à 12	16	17 à 18		23 à 24	32 à 35
Module d'élasticité	13.000	6.750	7.850	8.680		6.750	6.750
Coefficient d'allongement $(\frac{I}{E})$.	78.10^{-6}	148.10^{-6}	127.10^{-6}	115.10^{-6}		148.10^{-6}	148.10^{-6}
Rapport des sections à égalité de conductibilité	1	1,666	1,943	2,05		1,8	2,08
Rapport des diamètres	1	1,29	1,395	1,43		1,34	1,44
Rapport des poids	1	0,5	0,73	0,835		0,54	0,63
Poids d'un câble par mm² de section totale et par km. de longueur....................	9 k. 180	2 k. 765	3 k. 550	3 k. 850		2 k. 755	2 k. 855
Résistance kilométrique à 0° en ohms d'un câble de S mm² de section	$\dfrac{17,2}{S}$	$\dfrac{28,6}{S}$	$\dfrac{33,4}{S}$	$\dfrac{35,2}{S}$		$\dfrac{30,6}{S}$	$\dfrac{35,8}{S}$
Contrainte maxima d'un conducteur suspendu :							
avec coefficient 3	14	6,7	9,7	10,7		11,7	15
avec coefficient 5	8,5	4	5,8	6,4		7	9
avec coefficient 10	4,25	2	2,9	2,2		3,5	4,5
Voltage de l'effet de couronne à égalité de conductibilité.....	n volts	$1,22 \times n$ volts	$1,32 \times n$ volts	$1,35 \times n$ volts		$1,27 \times n$ volts	$1,33 \times n$ volts

Rapport $\dfrac{d}{r} = 500$ cuivre

d = distance entre conducteur.
r = rayon du conducteur.

Valeurs relatives des constantes caractéristiques de quelques conducteurs ayant même conductance sur la même longueur

	Cuivre	Aluminium	7 brins	37 brins	61 brins	Almélec	J.L.
Section équivalente...........	1	1,666	1,943	2,05	1,885	1,8	2,08
Diamètre équivalent..........	1	1,29	1,395	1,43	1,37	1,34	1,44
Poids équivalent	1	0,5	0,77	0,885	0,725	0,54	0,63
Résistance mécanique équivalente	1	0,79	1,34	1,56	1,215	1,5	2,23

tables indiquant la flèche à donner suivant la température, la portée et le diamètre des conducteurs. Le réglage de la flèche est l'opération la plus délicate du montage; il doit être fait avec un grand soin. Pour les grandes portées on se sert d'un théodolithe pour mesurer les flèches avec une grande précision.

Mode de jonction des conducteurs. — Les manchons. Il existe à l'heure actuelle plusieurs types de manchons ayant fait leurs preuves. Ce sont le manchon ovale torsadé, les manchons à serrage par cônes et le joint comprimé par étirage. Ce dernier système est le plus simple et le plus sûr. Pour réaliser un joint comprimé par étirage, on prend un tube recuit de même métal que celui des conducteurs à jonctionner et dont le diamètre intérieur est très légèrement supérieur à celui du conducteur, la longueur et l'épaisseur dépendant de la résistance mécanique à réaliser. Le tube, préalablement étranglé par étampage dans sa partie médiane sur une certaine longueur, est soumis en partant du centre et en se dirigeant vers chaque extrémité à un travail d'étirage à la filière qui, en allongeant le tube par refoulement du métal, l'oblige à s'imprimer dans la surface extérieure des conducteurs. La machine à étirer est excessivement simple et ne pèse que quelques kilos.

Pour le câble mixte aluminium-acier on emploie d'abord un manchon d'acier doux pour la jonction de l'âme, puis un tube extérieur en aluminium, cylindrique d'un bout à l'autre qu'on étire en partant d'un bout. Ce système de joint ne nécessite pas de précautions spéciales en dehors du nettoyage des conducteurs à l'endroit du joint.

Ligatures sur isolateurs. — Comme fil d'attache on emploie généralement du fil d'aluminium recuit de 20 à 30/10 suivant la grosseur du câble à fixer· Il est très recommandable de faire le serrage des attaches entièrement à la main, sans emploi de pince. On obtient de très bons résultats, surtout avec les gros câbles, en se servant d'attaches comportant une partie ronde seulement à hauteur de la gorge de l'isolateur et plates sur le reste de leur longueur, la partie plate venant s'enrouler autour des conducteurs.

Il est bon de protéger les câbles au droit de l'isolateur au moyen d'une bande d'aluminium recuit de 8 mm. de largeur environ et de 1 mm. d'épaisseur, cette bande étant destinée à éviter le contact direct du câble avec l'isolateur.

Les ligatures de tête de ligne se font généralement au moyen d'un manchon ovale torsadé sans soudure, procédé simple et d'une solidité à toute épreuve.

CABLES ARMÉS

L'emploi de l'aluminium à la place du cuivre pour la construction des câbles souterrains n'est pas toujours une opération économiquement avantageuse en raison de l'augmentation de diamètre du conducteur qui en résulte et de ses conséquences tant au point de vue encombrement qu'au point de vue consommation de matière isolante.

Cependant, il est des cas où cette augmentation de diamètre du conducteur intérieur peut être avantageuse. Le calcul montre en effet que si l'on fait croître à partir de zéro la section du conducteur intérieur d'un câble en maintenant le même coefficient de sécurité pour le diélectrique, le rayon extérieur passe par un minimum lorsque le rayon intérieur est égal à l'épaisseur d'une plaque de la substance isolante qui présenterait le même coefficient de sécurité et le volume de l'isolant est minimum lorsque le rayon intérieur est égal à 1,25 fois cette épaisseur. On est donc en droit d'admettre que le rayon le plus avantageux est compris entre ces deux limites voisines. Par conséquent, chaque fois que le calcul conduira pour le cuivre à un rayon inférieur à ces limites, la substitution de l'aluminium au cuivre sera recommandable.

BARRES DE TABLEAUX

Dans les barres de tableau, la question de chute de tension est tout à fait secondaire et ce qui limite la densité de courant à employer c'est l'échauffement des barres. A ce point de vue, l'avantage de l'aluminium sur le cuivre est encore plus grand que dans les applications où la conductibilité électrique intervient seule. En effet, la section d'aluminium équivalente au point de vue échauffement à une section de cuivre donnée est égale à 1,4 fois cette section de cuivre d'où il résulte, compte tenu des densités des deux métaux, qu'il suffit de 0 kg. 424 d'aluminium pour remplacer 1 kilogramme de cuivre. Si l'on fait alors entrer en ligne de compte les cours de ces deux métaux pris sous forme de barres, on voit que l'économie que permet de réaliser l'emploi de l'aluminium est de l'ordre de 40 % pour atteindre même dans le cas de la barre d'aluminium à champs bruts de scie près de 50 %.

Les barres d'aluminium sont fréquemment employées en dehors des tableaux proprement dits pour des transports à faible distance tels que ceux nécessités pour la commande de laminoirs, de fours d'électrochimie, etc. Lorsque les intensités en jeu sont élevées, on place plusieurs barres en parallèle.

On a toujours avantage, au point de vue échauffement à utiliser des barres aussi plates que possible, tout en leur assurant une rigidité suffisante au point de vue mécanique. Dans les très petites installations on peut utiliser le fil rond qui se travaille très facilement.

Malgré le coefficient de dilatation élevée de l'aluminium, il n'est pas nécessaire, en général, de prévoir de dispositif spécial pour compenser la dilatation.

Le jonctionnement des barres se fait soit par recouvrement, soit avec couvre-joint, soit enfin par soudure autogène. Les soudures à base de zinc et d'étain ne sont pas recommandées. La soudure autogène est de beaucoup préférable.

Le joint à recouvrement est le plus simple : les

deux parties à réunir sont assemblées au moyen
de boulons en acier galvanisé munis de larges
rondelles et d'un dispositif évitant le desserrage
(rondelle Grover par exemple). Le serrage par
rivets, sauf dans le cas de barres de faible épaisseur et à condition d'ajuster soigneusement les
rivets dans leurs trous, est à proscrire. Dans tous
les cas, il faut avoir soin d'exercer un serrage
très énergique car la qualité d'une jonction
dépend beaucoup plus de la pression exercée
entre les surfaces de contact que de la dimension
de ces surfaces. Il faut avoir soin en outre, avant
de mettre les surfaces en contact, de les débar-
rasser de leur pellicule d'oxyde en les nettoyant
à la toile d'émeri après les avoir préalablement
enduites d'huile ou de vaseline. Il est bon, le joint
une fois terminé, de le recouvrir sur le plat et
sur la tranche de vernis ou de peinture d'aluminium.

Le jonctionnement par couvre-joints permet de
placer les barres dans le prolongement l'une de
l'autre. Les précautions à prendre pour son exécution sont les mêmes que ci-dessus.

La soudure autogène donne d'excellents joints
tant au point de vue mécanique qu'électrique ;
il est important de bien nettoyer à l'eau chaude
les joints après soudure pour faire disparaître
toute trace du flux décapant employé.

En raison des excellents résultats donnés par
les barres de tableau faites en aluminium et de
l'économie de prix de 40 à 50 % qu'elles permettent de réaliser, elles ont déjà été utilisées
dans de nombreuses installations.

EMPLOI DE L'ALUMINIUM
DANS LA CONSTRUCTION DES MACHINES
ET DE L'APPAREILLAGE ÉLECTRIQUE

Bobines en aluminium. — L'aluminium nu, isolé au moyen d'une couche d'oxyde renforcée artificiellement, trouve un emploi intéressant dans les bobines de petit appareillage : sonneries, tableaux indicateurs et analogues.

Bobines inductrices de machines électriques. — L'aluminium peut être employé pour les enroulements série de dynamos à courant continu, dans tous les cas où l'on dispose d'une place suffisante. La possibilité dans certains cas, de supprimer l'isolant et d'assurer l'isolement entre spires voisines par une très mince couche d'oxyde artificiellement provoquée permet de réduire l'encombrement à ce qu'il serait dans le cas de conducteurs en cuivre. On emploiera également l'aluminium avec avantage dans le cas où le poids des enroulements est à considérer comme par exemple dans les moteurs de traction.

Dans la construction de machines à très forte intensité et dans lesquelles, par conséquent, les conducteurs ont de fortes sections, on peut fabriquer les bobines d'un seul coup par moulage.

L'aluminium enfin est capable de remplacer le laiton ou le bronze dans les joues de bobines.

Bobines de self-induction. — L'aluminium

est particulièrement indiqué dans la construction des bobines de self, où il permet d'obtenir de très sensibles réductions de prix.

Bobines pour électro-aimant. — L'emploi d'aluminium isolé par une couche superficielle d'oxyde est d'un très grand intérêt pour la construction des électro-aimants de levage. L'épaisseur de la couche d'oxyde étant très faible, l'augmentation de section due à l'emploi de l'aluminium se trouve compensée par la suppression du guipage. On arrive dans certains cas à faire des électros de levage ne pesant que les $2/5^e$ du poids des mêmes électros à enroulements de cuivre.

Condensateurs. — L'aluminium est très employé dans la fabrication des condensateurs de T. S. F. et des condensateurs industriels.

Disjoncteurs. — L'aluminium ou ses alliages sont particulièrement indiqués là où il est intéressant de diminuer l'inertie des pièces, en particulier pour obtenir des ruptures brusques.

Induits et rotors. — L'aluminium peut être employé dans les induits, mais son emploi est surtout intéressant dans la construction des rotors de moteurs asynchrones en court-circuit. On a généralement la place d'employer un conducteur plus volumineux que le cuivre, surtout si la machine est établie pour recevoir à l'occasion un rotor à bague. L'aluminium peut alors être fondu directement sur les tôles assemblées, tant les barres elles-mêmes que les cercles d'extrémités. Il en est de même pour les amortisseurs que l'on place sur les pièces polaires d'alternateurs, de commutatrices ou d'autres appareils.

Parafoudres électrolytiques. — On sait qu'une catégorie de parafoudres électrolytiques est constituée par une série de cônes en aluminium, le fonctionnement de ces appareils étant basé sur le pouvoir isolant et la capacité de la pellicule d'alumine située à la surface de l'aluminium.

Soupapes électrolytiques. — L'aluminium est employé dans la construction des soupapes destinées à redresser le courant alternatif, en particulier pour les faibles puissances telles que celles utilisées en T. S. F.

Applications diverses. — On peut enfin employer l'aluminium, en raison de ses qualités physiques et mécaniques, dans la construction de pièces ne jouant aucun rôle électrique, telles que : flasques de moteurs, bâtis de magnétos, carcasses de moteurs à courant alternatif, bagues de graissage, couvercles, carters, etc... On emploiera le plus généralement dans ces cas l'alliage courant de fonderie à 8 % de cuivre.

CALORISATION

La calorisation est un procédé de cémentation superficielle d'après lequel on transforme sur une certaine épaisseur un métal en un alliage d'aluminium, la teneur en aluminium de cet alliage allant en augmentant de l'intérieur vers l'extérieur. C'est un procédé analogue à celui de la shérardisation ou cémentation superficielle d'un métal par le zinc.

Ce procédé qui comprend plusieurs variantes s'applique d'une façon courante aux pièces de fer qui se trouvent portées à une température élevée et par suite sont exposées à se détériorer rapidement par oxydation. Sous l'action oxydante de l'atmosphère des fours, il se forme une couche protectrice d'alumine qui empêche l'oxydation du fer. On peut employer ce procédé de 500° à 1.100°; il n'est guère possible de dépasser cette dernière température, l'alliage d'aluminium et de fer fondant à partir de 1.200°; mais déjà dans cette marge de température les applications sont très nombreuses, car la calorisation assure aux pièces métalliques une durée considérablement plus grande que celle du fer non protégé; de plus, les pièces calorisées sont très résistantes aux chocs, grâce à la dureté de l'alliage de fer et d'aluminium formé et au fait que le revêtement protecteur d'alumine se reforme de lui-même à haute température.

Les principales applications de la calorisation
sont les suivantes : caisses de cémentation qui ont
une durée de 10 à 20 fois plus grande, tout en
étant plus minces, ce qui permet des économies
de 30 à 40 % de combustible et diminue sensiblement les frais de manutention ; caisses de
traitement thermique, tubes de pyromètres, creu-
sets à plomb, zinc, étain, surchauffeurs, souf-
fleurs de suie, récupérateurs métalliques pour
fours à marche intermittente, tuyauteries de
vapeur, barreaux de grilles pour foyers, etc...

Les produits calorisés s'emploient aussi très
avantageusement pour la fabrication des pièces
destinées à être au contact de l'hydrogène sulfuré,
du gaz sulfureux, des vapeurs de soufre; une des
premières industries ayant eu recours à la calorisation est celle du raffinage de pétrole pour les
pétroles contenant du soufre, du sel, etc... tels
que ceux du Mexique et de la Californie; on a
constaté que les appareils ainsi protégés duraient
4 à 5 fois plus longtemps que les autres.

ALUMINOTHERMIE
EXPLOSIFS A L'ALUMINIUM

Alors que l'aluminium sous forme massive
résiste parfaitement à la corrosion à l'air, il est au
contraire extrêmement oxydable à l'état très
divisé. En effet, 1 kilogramme d'aluminium

dégage en brûlant 7.140 cal., à peu près autant que 1 kilogramme de charbon (7.850 cal). Il suffit d'une concentration très faible (7 à 13 mg. de poussière dans un litre d'air) pour que le mélange s'enflamme au contact d'une flamme ou d'une étincelle.

ALUMINOTHERMIE

Ce procédé, inventé par le Dr Hans Goldschmidt en 1898, utilise les propriétés réductrices de l'aluminium vis-à-vis des oxydes métalliques. On mélange en proportions convenables de la poudre d'aluminium avec des oxydes broyés et on allume le mélange en un point au moyen d'une composition particulièrement inflammable à base de peroxyde de baryum. La réaction est très rapide et dégage une grande quantité de chaleur presque intégralement utilisée du fait qu'il n'y a pas de produit gazeux et que la chaleur n'a guère le temps de se dégager par conductibilité ou radiation. On obtient d'une part un laitier d'alumine, de l'autre le métal correspondant à l'oxyde.

L'aluminothermie a plusieurs applications d'inégale importance :

1° Métallurgie aluminothermique. — Ce procédé permet de fabriquer des métaux ou ferro-alliages fondant à haute température ou exempts de carbone : chrome et ferro-chrome, manganèse, titane ou ferro-titane, ferro-vanadium, ferro-molybdène, ferro-tungstène.

2° Soudure aluminothermique. — On emploie un mélange appelé thermite ou calorite, composé de poudre d'aluminium et d'oxyde de fer pulvérisé. Ce procédé s'applique surtout à la soudure des rails de tramways et à la réparation sur place de grosses pièces de machines.

3° Applications diverses. — La thermite permet, en ralentissant la réaction par certains dispositifs, de fabriquer des briquettes servant à divers usages : chauffage de fers à repasser, d'aliments pour armées en campagne, de boules chaudes pour moteurs semi-diesel, de barques de pêche, etc...

La thermite s'emploie aussi pour éviter les soufflures dans les moulages d'acier et de fonte; dans ce dernier cas on emploie de la thermite au titane.

EXPLOSIFS

Il existe deux types d'explosifs employant la poudre d'aluminium :

1° L'Ammonal constitué par de la poudre d'aluminium et du nitrate d'ammoniaque ;

2° Les cartouches Weber employées pour les explosifs à air liquide et dont la matière absorbante est de la poudre d'aluminium mélangée à de la cellulose.

L'aluminium présente la particularité de ne pas donner de produits de combustion gazeux. Malgré cela et en raison de la température très élevée de combustion (3.000° environ) l'échauffement de l'air et sa détente sont tellement brusques que les explosions de poussière d'aluminium sont celles donnant les plus hautes pressions.

L'ALUMINIUM DANS LA SIDÉRURGIE

L'aluminium est couramment employé en métallurgie pour la désoxydation des bains d'acier: on l'ajoute directement dans la poche de coulée dans des proportions qui varient de 1/10.000e à 1/15.000e.

D'aucuns ont affirmé que l'emploi de l'aluminium pouvait avoir l'inconvénient de laisser, dans le bain, des grains très durs, visibles au microscope et constitués probablement par de l'alumine. On peut remédier aisément à cet inconvénient en employant, au lieu de l'aluminium pur, un silico-aluminium qui donne un silicate double d'alumine et de fer très fusible. On peut employer également un mélange de poudre d'aluminium et de silicate de soude qui donne un laitier très fusible qui ne peut se mélanger avec le bain d'acier.

Des expériences récentes ont démontré le gros avantage que l'on aurait à utiliser l'aluminium dans la fabrication de la fonte. L'aluminium en effet, mieux que le silicium, provoque la précipitation du carbone à l'état de graphite; son emploi a donc pour effet d'obtenir des fontes plus douces.

Une des applications les plus intéressantes de l'aluminium en métallurgie est la possibilité de réaliser, sur des aciers contenant de l'aluminium, la cémentation par l'azote qui donne des résultats tout à fait intéressants. A cet effet, les pièces terminées sont chauffées à 500° dans un courant de gaz ammoniac. Il se forme un nitrure de grande dureté mais en même temps fragile; c'est cette fragilité, communiquée à tout le métal, qui avait antérieurement fait interrompre les recherches; mais on a découvert qu'une composition spéciale d'acier renfermant du chrome et de l'aluminium créait, dans le métal, une sorte de barrage s'opposant à la pénétration du gaz. On obtient, dans ces conditions, sans autre traitement, une couche mince, très dure, tandis que le cœur de la pièce conserve ses propriétés mécaniques. Toute fragilité consécutive au revenu prolongé à 500° est supprimée, du reste, par l'addition de faibles quantités de molybdène.

La durée de l'opération de cémentation par l'azote est assez longue (quatre à cinq jours). Le métal prend une dureté superficielle très grande, supérieure à celle de tous les aciers connus, et devient absolument inattaquable à la lime. L'opération peut se faire sur pièces entièrement rectifiées, la température étant assez basse pour éviter toute détérioration. Il n'y a pas de déformation, à part un léger gonflement constant dont il est facile de tenir compte.

Le procédé paraît applicable à un grand nombre de pièces mécaniques particulièrement celles soumises à une forte usure; toutefois, en raison de la faible épaisseur de la couche nitrurée et de sa fragilité, il convient moins bien aux pièces soumises à des chocs, présentant des angles aigus ou supportant de très fortes pressions.

L'ALUMINIUM
DANS LES INDUSTRIES ALIMENTAIRES
ET LES USTENSILES DE MÉNAGE

Les diverses qualités de l'aluminium : sa légèreté, son inaltérabilité, son innocuité absolue et son prix modéré le rendent particulièrement propre à la fabrication des ustensiles utilisés pour la confection et la conservation des aliments et des boissons. Il présente pour ces usages un avantage marqué sur tous les autres matériaux employés jusqu'ici.

Les objets en poterie sont, en effet, d'une grande fragilité et présentent, en outre, l'inconvénient d'être recouverts d'émaux souvent plombifères, et par cela même sensibles à l'action des acides organiques existant dans les aliments avec lesquels ils sont susceptibles de former des composés vénéneux.

Le cuivre est d'un entretien très difficile et la toxicité des sels de cuivre a causé, en dépit d'étamages répétés et coûteux, de nombreux accidents.

Les objets en porcelaine sont d'une fragilité

COMPAGNIE DE PRODUITS CHIMIQUES ET ÉLECTROMÉTALLURGIQUES D'ALAIS, FROGES ET CAMARGUE

Vue de la cuisine du restaurant du personnel avec ses ustensiles en aluminium.

CUVES ET TANKS EN ALUMINIUM PUR
utilisés en brasserie

excessive, quant à ceux en nickel, on sait leurs prix élevés.

La tôle émaillée enfin présente les inconvénients inhérents à la fragilité de son émail qui, sous l'influence de chocs légers ou de variations thermiques répétées, se sépare du métal.

L'aluminium ne présente aucun de ces inconvénients. De plus, sa haute conductibilité calorifique permet de réaliser dans la cuisson des économies sensibles de combustible; elle assure, en outre, une excellente répartition de la chaleur et supprime tout risque de surchauffe locale excessive.

L'entretien du matériel en aluminium est des plus aisés; un simple lavage à l'eau très chaude ou légèrement savonneuse suffira généralement. On peut également employer le savon minéral, à l'exclusion des cristaux de soude.

L'aluminium ne peut, ni par lui-même, ni par les produits auxquels il donne éventuellement naissance, causer de troubles dans l'organisme et si la bibliographie des accidents dus à l'usage du cuivre est considérable, on n'a jamais relevé d'accidents d'intoxication à la charge de l'aluminium. On sait, du reste, que les appareils culinaires en poterie, utilisés depuis les premiers âges de l'humanité cèdent constamment de l'alumine aux matières dont on effectue la cuisson.

Dès 1904, M. Kohn-Abrest, Directeur du Laboratoire de Toxicologie de la Ville de Paris, écrivait dans la *Revue de la Société Scientifique d'Hygiène alimentaire* (Octobre-Novembre 1904) :

« L'aluminium peut, sans aucun inconvénient pour l'hygiène, recevoir une foule d'applications, en particulier celles qui intéressent les matières alimentaires. »

Ultérieurement, la question de l'emploi de l'aluminium dans les industries de fermentation, en laiterie et en fromagerie, ainsi que, d'une façon générale, dans les industries alimentaires, a été spécialement étudiée par le Professeur Trillat, Chef du Laboratoire des Recherches d'Hygiène à l'Institut Pasteur. La conclusion du savant professeur fut que l'on a aujourd'hui la certitude de l'innocuité sur l'organisme des composés alumineux qui peuvent se former sous l'influence de certains éléments contenus dans les matières alimentaires. On trouve du reste des traces de composés alumineux dans presque tous les aliments.

Aussi, l'aluminium a-t-il pris, depuis longtemps, une place prépondérante dans la confection de tous les articles de ménage. Ses différentes applications dans ce domaine sont, du reste, suffisamment connues pour qu'il soit inutile de les énumérer.

En outre, l'aluminium est couramment utilisé depuis plusieurs années, dans les différentes industries alimentaires : sucrerie, confiturerie, chocolaterie, confiserie, pâtisserie, brasserie, conserves alimentaires.

Les graisses et les acides gras étant pratiquement sans action sur l'aluminium, même à des températures élevées et en présence d'air, l'aluminium convient parfaitement pour la construction de presses et d'appareils pour la fusion et la cristallisation des graisses et des acides gras, pour l'extraction des huiles, leur raffinage, leur hydrogénation et leur manutention.

La brasserie utilise couramment l'aluminium pour la confection des cuves de fermentation et des tanks de conservation de la bière, ainsi que de tous les accessoires: seaux, écumoires, louches, cruchons à levure, réservoirs, ustensiles de manutention, agitateurs, racloirs, etc... Les tôles de grandes dimensions et de fortes épaisseurs, assemblées par soudure autogène, fournissent des surfaces parfaitement lisses, lavables et stérilisables, n'offrant aucune de ces anfractuosités où se logent les bactéries si nuisibles pour la fabrication et la conservation de la bière.

Dans l'industrie laitière, les pots emboutis dans de la tôle d'aluminium épaisse et résistante, sans soudure et sans angles, se substituent progressivement aux pots de fer étamé pour le ramassage, la manutention et le transport du lait.

L'aluminium est également utilisé dans la fabrication des beurres, pour la construction des bacs pour les mélanges, des récipients pour l'écrémage, des refroidisseurs, serpentins, cuves d'empresurage, moules pour le caillé, etc.

La fromagerie emploie aussi ce métal pour l'égouttage et la confection des fromages frais.

Enfin le papier d'aluminium est couramment utilisé pour l'emballage des beurres, des graisses, du thé, du chocolat, des fromages et de toutes les substances alimentaires aux lieu et place du papier d'étain, plus coûteux que lui.

L'ALUMINIUM
DANS LES INDUSTRIES CHIMIQUES

Les industries chimiques emploient, depuis de longues années, des appareils en matériaux divers: bois, grès, porcelaine, verre, tôle, fonte, fonte émaillée ou plombée, plomb, étain, cuivre, argent et même platine; depuis quelques années, la silice fondue, malgré sa fragilité, est également utilisée.

Les propriétés générales de l'aluminium, sa très faible altérabilité à l'air sec ou humide, sa résistance à l'acide carbonique, à l'hydrogène sulfuré, aux vapeurs nitreuses, ainsi qu'à la plupart des acides végétaux et des acides gras, en font également un matériau fort intéressant dans bien des cas pour les industries chimiques. Deux autres avantages militent encore en faveur de son emploi: l'alumine qu'il donne par oxydation ne colore pas les substances, à l'inverse des sels de cuivre ou de fer; à l'inverse aussi de ceux de cuivre ou de plomb, ses sels ne sont pas vénéneux.

A la suite de très nombreux essais qui ont été faits dans les différents pays pour déterminer les industries dans lesquelles l'aluminium pouvait être employé, on peut établir comme suit la liste des produits avec lesquels l'aluminium peut être mis en contact sans qu'il subisse aucune altération :

1° **Gaz secs :**

Air, oxygène, hydrogène, acide carbonique, oxyde de carbone, chlore, hydrogène sulfuré, anhydride sulfureux ;

2° **Acides :**

Acide nitrique pur marquant au moins 40° Baumé, acide sulfurique pur à 66° Baumé, acide acétique anhydre, acide sulfhydrique gazeux ou dissout, acides organiques : tartrique, citrique, malique ; acide phénique pur ;

3° **Substances diverses :**

Soufre, sulfure de carbone, alcool absolu, formol, éthers et acétone, huiles minérales, benzol, huiles essentielles et parfums, copals, résines, couleurs, peintures et vernis, bakélites, encres et cirages, cires et paraffines, huiles végétales, huiles hydrogénées, suifs, glycérine, stéarine, oléine, margarine, colles et gélatines, nitro-cellulose, collodion, acétate de cellulose, soie artificielle, caoutchouc, gutta-percha, ébonite.

De cette énumération on déduit immédiatement quelles sont les industries qui peuvent avantageusement employer l'aluminium; sans prétendre en faire une énumération absolument complète, nous citerons : la fabrication synthétique des acides nitrique et acétique et de l'ammoniac ; le transport de ces produits ; l'extraction, la purification, le raffinage et l'hydrogénation des huiles comestibles et industrielles et des acides gras; le raffinage des pétroles, la déshydratation des benzols; la fabrication des matières colorantes et la teinturerie; la pyrogénation des huiles et copals; la fabrication des couleurs, des vernis, des colles et des gélatines; la

nitration des celluloses; l'industrie de la soie artificielle; la construction du matériel de blanchis-
serie; la fabrication des coupelles destinées à
recueillir le latex; la fabrication des moules et
mandrins utilisés dans l'industrie du caoutchouc
et de l'ébonite; la fabrication du matériel des
sucreries; celle des alambics de distillation pour
l'eau distillée et les alcools; des appareils à dis-
tiller dans le vide; des autoclaves et des bassines à
vapeur; des bacs de cristallisation des nitrates
d'ammoniaque, de potasse et de soude, du sulfate
d'ammoniaque, du chlorate de potasse, etc...

L'ALUMINIUM
DANS L'INDUSTRIE TEXTILE

On sait les nombreuses opérations auxquelles
donnent lieu, dans l'industrie textile, l'élabora-
tion du fil et le tissage de l'étoffe. Les machines
sur lesquelles sont faites ces opérations comportent un grand nombre de pièces soumises à
des mouvements alternatifs ou rotatifs et dont
il y a le plus grand intérêt à diminuer l'inertie.
Les alliages d'aluminium, et en particulier le
duralumin, qui possède, comme on l'a vu par
ailleurs, des caractéristiques sensiblement voisines de l'acier doux avec une densité égale à
peine au tiers, conviennent particulièrement
bien à l'exécution de certaines de ces pièces.
D'autre part et spécialement dans l'industrie

de la soie artificielle, les opérations de filage, dévidage, tissage sont séparées par de nombreux lavages suivis de séchages. Dans tous les stades de la fabrication, une parfaite propreté du matériel est indispensable afin d'éviter de tacher le fil. Là encore l'aluminium et ses alliages conviennent particulièrement bien.

Dans le cas de la soie artificielle en particulier, le duralumin commence à être employé sur une large échelle. Il résiste bien, en effet, à l'attaque de la plupart des produits à l'état de dilution où ils sont couramment employés (acide sulfurique, acide nitrique, bisulfure de sodium, alcool, éther, etc...). Seules, les solutions basiques concentrées sont à éviter.

Voici, du reste, une liste des pièces dès à présent fabriquées en duralumin pour l'industrie de la soie artificielle :

Bobines de machines à filer ;
Bobines de machines à retordre ;
Rouleaux de machines à laver les échevettes ;
Rouleaux d'appareil à sécher sous tension les écheveaux ;
Manchettes de mise en tension des écheveaux ;
Barre de va-et-vient pour métier à filer et à tisser ;
Rideaux ;
Panneaux de protection de métier ;
Tournettes pour dévideur de machine à faire les écheveaux ;
Tringles pour suspendre les écheveaux dans les caves de séchage.

PAPIER D'ALUMINIUM

Laminé ou battu en feuilles extrêmement minces, l'aluminium est susceptible d'un très grand nombre d'emplois. Dès maintenant il a presque complètement remplacé l'ancien papier d'argent plus coûteux; il trouve ainsi son principal débouché dans l'emballage des denrées alimentaires, de la confiserie, du thé, des cigarettes, ainsi que de tous les objets qui nécessitent un empaquetage soigné.

Sous forme extra-mince (épaisseur de l'ordre de 6 à 7 millièmes de millimètres), on l'utilise dans la construction des condensateurs électriques. C'est également sous cette forme extra-mince que l'on utilise les feuilles d'aluminium pour la métallisation d'objets quelconques ou de surfaces. L'application de feuilles d'aluminium est susceptible de remplacer, dans bien des cas, la dorure pratiquée par application de feuilles d'or. En décoration l'effet obtenu est aussi attrayant, bien souvent même plus seyant et la métallisation à l'aluminium a, en outre, l'avantage d'être infiniment meilleur marché. C'est ainsi que le prix du métal nécessaire pour couvrir la même surface est 150 fois plus élevé avec l'or qu'avec l'aluminium.

On a signalé depuis quelque temps l'emploi du papier d'aluminium comme calorifuge pour les tuyauteries. On sait en effet que d'une part, l'aluminium poli est l'un des métaux dont le rayonnement calorifique est le plus faible et d'autre part, que la transmission de la chaleur se fait très difficilement à travers des couches d'air de faible épaisseur. Le montage de l'isolement se fait de la façon suivante: le papier d'aluminium ou « paillon » est pris sur des rouleaux et peut être facilement adapté à toute forme avec la main. Le tuyau est tout d'abord entouré d'un paillon, on pose ensuite un support dont la hauteur correspond à la couche d'air que l'on veut enfermer, on déroule alors une nouvelle feuille de paillon sur les supports, on pose une nouvelle couche d'anneaux et ainsi de suite. Pour terminer on recouvre le tout d'un manteau rigide de protection qui peut être fait d'une tôle d'aluminium.

L'ALUMINIUM DANS L'AMEUBLEMENT ET LES ARTS DÉCORATIFS EN GÉNÉRAL

De vulgarisation récente, l'aluminium n'a pas encore, dans l'ameublement, l'architecture et les arts décoratifs en général, sa place définitive. Depuis quelques années cependant, son emploi a fait de larges progrès et les cas où il est utilisé sont déjà fort nombreux. C'est ainsi qu'on a pu noter lors de l'exposition des Arts Décoratifs Modernes, qui a eu lieu à Paris en 1925, une propension très nette de la part des architectes et des décorateurs à faire le plus large usage de l'aluminium et depuis lors le mouvement s'est largement accentué.

L'aluminium est tantôt employé nu, et l'on met alors en valeur son aspect argenté, tantôt peint ou décoré.

Parmi les emplois de l'aluminium pour la fabrication des *meubles*, il faut citer en particulier les armoires et les sièges décorés ou peints qui présentent tous les avantages des meubles métalliques (en particulier la solidité, l'incombustibilité) sans avoir l'inconvénient d'un poids élevé. Dans le cas où il s'agit de mobilier portatif tel que les sièges de jardins ou de cafés par exemple, l'aluminium est particulièrement indiqué.

Nous citerons seulement pour mémoire, et faute de pouvoir les énumérer toutes, les multiples applications de l'aluminium à la bimbeloterie où sa décoration par des procédés très divers (martelage, noircissement, satinage. etc...) lui donne les aspects les plus variés.

En *architecture*, il est utilisé surtout pour les destinations suivantes: panneaux, mains-courantes, rampes d'escaliers, grilles, incrustations, serrurerie, boutons de portes, plaques de propreté, peinture ou recouvrement des surfaces, calorifugeage des tuyauteries. On commence également à utiliser le duralumin ou d'autres alliages pour la construction des ascenseurs où la question de poids, jusqu'à présent un peu négligée, a pourtant une importance primordiale. Le gain de poids réalisé par l'emploi des métaux légers entraîne une économie sur tous les organes; parfois même il permet de supprimer complètement le contrepoids, ce qui est particulièrement appréciable dans les installations où l'on éprouve quelques difficultés à loger ce dernier.

Outre les applications que nous venons d'énumérer, l'aluminium peut être employé en *décoration* pour une foule d'objets. C'est ainsi que son usage se répand de plus en plus pour l'exécution de devantures de boutiques et de magasins, ainsi que leur aménagement intérieur.

Economie, simplicité, harmonie de couleurs, luminosité, adaptation parfaite à la décoration moderne, telles sont les qualités principales qui conduisent actuellement de nombreux architectes et décorateurs à faire intervenir dans leurs travaux l'aluminium sous de multiples formes.

LA PEINTURE A L'ALUMINIUM

Au cours des quelques dernières années l'emploi de l'aluminium en peinture s'est très rapidement développé dans certains pays, en particulier en Amérique et en Angleterre. Les résultats obtenus à la suite de nombreuses expériences ont fourni la preuve que la peinture à l'aluminium est totalement différente des autres peintures pigmentaires et qu'elle présente, sur celles-ci, de très intéressants avantages.

La poudre d'aluminium, qui constitue la partie pigmentaire de la peinture et à laquelle celle-ci est redevable de ses propriétés particulières, est préparée en pulvérisant l'aluminium de façon à le réduire en paillettes très minces. Ces paillettes sont passées soigneusement dans plusieurs séries de cribles de façon à les classer suivant leurs dimensions. La poudre reçoit ensuite un fini au moyen d'un procédé spécial de polissage qui lui donne une surface lumineuse et brillante.

La forme de ces particules est d'une grande importance; en effet, alors que les pigments ordinaires, tels que l'oxyde de zinc, le blanc de céruse, etc... sont composés de particules granuleuses, la poudre d'aluminium doit présenter l'aspect de paillettes. Dans ces conditions, lorsqu'elle est mélangée à un support approprié, il se produit un phénomène que l'on pourrait désigner sous le nom de « feuilletage »: la plupart des particules d'aluminium remontent à la surface où elles se superposent comme des écailles de poisson. Cette couche métallique se maintient à la surface par un effet de tension superficielle jusqu'à ce que le mélange ait durci. Par conséquent la surface de la couche sèche, exposée à l'air, est formée d'une suite continue de lamelles d'aluminium maintenues solidement par le vernis. Cette surface a une apparence très agréable et possède, en outre, des qualités très intéressantes.

En premier lieu, elle est opaque à la lumière et, pour cette raison, le support se trouvant en dessous est à l'abri de toute détérioration ou désagrégation causées par les rayons solaires (en particulier par les rayons ultraviolets du spectre) qui, comme on sait, sont l'une des causes prédominantes de la détérioration des supports employés en peinture.

En second lieu, la peinture à l'aluminium possède des qualités remarquables au point de vue du « pouvoir couvrant »; non seulement elle masque l'ancienne peinture sous-jacente, mais elle constitue un moyen préventif contre le suintement des taches et des couleurs employées dans les couches inférieures.

En troisième lieu, elle possède une haute capacité de réflexion de la chaleur et de la lumière; aussi la température de la peinture elle-même et des matériaux qu'elle recouvre demeure-t-elle dans la saison chaude très au-dessous de celles qui seraient atteintes avec toutes les autres peintures qui ont un pouvoir rayonnant inférieur.

Les principaux usages pour lesquels son emploi est intéressant sont les suivants:

En général, la peinture de tous objets exposés à l'air, tels que ponts, pylônes, réservoirs, appareils d'éclairage public: c'est ainsi qu'à Londres la plus grande partie des réverbères est peinte à l'aluminium.

Peinture d'intérieurs d'ateliers où il est intéressant d'augmenter le rendement et la diffusion de la lumière.

Citernes, réservoirs à pétrole ou à mazout dans lesquels les hautes propriétés de réflexion de l'aluminium permettent de réduire considérablement les pertes par évaporation.

Sa faible radiation est également utilisée dans le revêtement de surfaces chauffées, telles que chaudières, hauts-fourneaux, tuyaux de cheminées, etc... Pour cet emploi, son efficacité est surtout intéressante à partir de 150 à 200°.

La qualité de la poudre employée est de la plus haute importance. Les poudres de qualité inférieure manquent de couleur, de lustre et sont incapables de former un revêtement solide; en outre, la poudre de mauvaise fabrication a souvent un aspect granuleux. Il y a lieu de mettre également le public en garde contre l'emploi de produits falsifiés. Le mica, par exemple, est souvent employé pour falsifier les poudres d'aluminium. Des expériences ont prouvé que des altérations de ce genre réduisaient considérablement la durée de la peinture.

La poudre d'aluminium est employée en combinaison avec une très grande variété de supports (huiles ou vernis) et son efficacité dépend, dans une très large mesure, du choix même de ces supports. Certains de ceux-ci, qui possèdent d'excellentes qualités de couverture, ont peu de valeur quant à la durée; il s'ensuit qu'il est extrêmement hasardeux d'utiliser un support quelconque, huile ou vernis, qui n'ait pas été préparé spécialement pour être employé avec de l'aluminium.

Sans pouvoir entrer ici dans les détails, nous signalerons que la peinture à l'aluminium, jusqu'ici très correctement réalisée à l'aide de supports à base d'huile de lin ou de vernis gras, a trouvé dans l'apparition des vernis cellulosiques un support qui permet d'obtenir des résultats encore supérieurs tant au point de vue de l'éclat que de la dureté et de la durée.

ANNEXE

LISTE ET CARACTÉRISTIQUES
DES LIGNES EN ALUMINIUM
ET ALUMINIUM-ACIER
EXISTANT EN FRANCE
AU Ier JANVIER 1928

LIGNES A TENSION INFÉRIEURE A 30.000 V.

SOCIÉTÉS EXPLOITANTES	Longueur en km.	Tension en volts	Sections en mm².	Date d'installation	OBSERVATIONS
ALUMINIUM					
Société Electrique de Belchamp	3	B.T.	60–100	—	
Société Bretonne d'Electricité	33	B.T. 6.000 15.000	diverses	1922–1924	
Nord-Sud	52	600	500	1910–1916	
Compagnie Alsacienne et Lorraine d'Electricité	385	3.000 10.000 12.000 40.000	—	—	
Société du Gaz et de l'Electricité du Sud-Est	5	3.800	49	1926	
Société An. des Forces du Fier	24	5.000	40	1911–1912	
Compagnie d'Electricité de Montpellier	13	5.000	88 et 42	1926–1928	
Compagnie Lorraine d'Electricité	45	5.500	22	1924	
Société Hydro-Electrique de l'Eau d'Olle	7 79	8.000 26.000	60 80 – 110	1920 1917	
Forces Motrices de la Loue	20	10.000	50	—	
Energie Electrique du Nord de la France	13	10.000	85	1908–1913	
Chemins de Fer du Midi	340 8 6 20 26 25	1.500 10.000 10.000 12.000 20.000 20.000	diverses 172 83 131 80 70	1920–1923 1912–1913	
Société d'Electro-Chimie d'Ugine	2	10.000	350	1924	
Energie Electrique du Littoral Méditerranéen	10 29 50	10.000 13.000 28.000	85 65–107 59 – 85	1904 1907 1904	
Compagnie Alais, Froges et Camargue	7	11.000	225	1913	
Société An. du Sud-Electrique	39	13.500	38 – 50	1911–1913	
Société de Distribution d'Electricité de l'Ouest	36	15.000	56	—	
Compagnie Electrique du Nord	13	15.000	125	1923	
Est-Electrique	30	15.000	120	1919	
Energie Electrique du Nord de l'Aisne	51	15.000	48	1920	
Nord-Lumière	35	15.000	65	1920–1924	
Union Hydro-Electrique Armoricaine	10	15.000	25	1925	
Société Bitterroise de Force et Lumière	30	16.000	22	1905	
Station Electrique de Millery	18	18.000	80	—	
Société Hydro-Electrique de Fure et Morge	13	26.000	64	—	
Forces Motrices du Haut-Grésivaudan	40	26.000	70	—	
ALUMINIUM-ACIER					
Société d'Electricité du Sud-Est	8	3.800	14–25	1926	
Compagnie Lorraine de Distribution de Gaz et d'Electricité	9	10.000	50	—	
Société Alsacienne et Lorraine d'Electricité	24 152	12.000 17.000	70 60	—	
Compagnie Lorraine d'Électricité	32	5.500 22.000	25–22 25	1924 1924	
Sud-Electrique	17	13.500	154	1925	Une partie est en aluminium.

LIGNES A TENSION COMPRISE ENTRE 3o.ooo et 6o.ooo V.

SOCIÉTÉS EXPLOITANTES	Longueur en km.	Tension en volts	Sections en mm².	Date d'installation	OBSERVATIONS
		ALUMINIUM			
Société An. du Sud-Electrique........	63 32	30.000 30.000	60 120	1912 1922	
Compagnie de la Loire et du Centre..	38	30.000	88	1911	
Compagnie Haut-Marnaise d'Electricité.	25	30.000	35	1921–1923	
Société Electrique de Caen..........	40	30.000	80–50	1917–1924	
Forces Motrices de la Vis	48	30.000	120	1926	
Société Hydro-Electrique des Basses-Pyrénées......................	50	30.000	65	—	Ligne devant en 1928 être remplacée par de l'aluminium-acier de 78 mm2.
Forces du Fier	28	33.000	60	1911–1912	
L'Union Electrique..................	158 30	35.000 35.000	34 88	1910	Date de la plus ancienne.
Chemins de fer du P.L.M.	25	42.000	162	1927	
Réseau d'Etat	788	45.000	125	1919–1922	
Chemins de fer départementaux des Basses-Pyrénées	118	20.000 et 45.000	75	1917	
Est-Electrique	60	45.000	75	1919	
Energie Electrique du Littoral Méditerranéen...........................	78 50 65	13.000 et 48.000 48.000 55.000	65 125 107 et 125 118	1913 1907–1913 1907–1909	
Société Electrique de la Vallée du Rhône	162	50.000	120 à 40	1912	
Société des Forces Motrices du Refrain	8	52.000	50	1912	
Société des Forces motrices de la Durance...........................	27	55.000	528	1927	
Société An. des Aciéries et Forges de Firminy	23	55.000	89	1913	
		ALUMINIUM-ACIER			
Société des Forces Motrices du Vercors	78	5.000 et 32.000	20–58 78–98	1925	
Société d'Electro-Chimie d'Ugine	18	45.000	222	en cours	

LIGNES A TENSION SUPÉRIEURE OU AU MOINS ÉGALE A 60.000 V.

SOCIÉTÉS EXPLOITANTES	Longueur en km.	Tension en volts	Sections en mm².	Date d'installation	OBSERVATIONS
ALUMINIUM					
Société Hydro-Electrique de l'Eau d'Olle	7 24	60.000 60.000	70 153	1920 1926	
Compagnie de la Loire et du Centre	119	60.000	88	1909–1910	
Forces Motrices de la Vienne	96 128	60.000 60.000	72 64	— —	
Union d'Electricité	52	60.000	150	1922	
Nord-Lumière	55	60.000	153	1923	
Chemins de fer du Midi	118 268 44 120	60.000 60.000 60.000 60.000	131 172 95 88	1912–1913 1920–1923	
Société Hydro-Electrique de l'Isère	130	65.000	135	1911	
ALUMINIUM-ACIER					
Compagnie Electrique du Nord	55	45.000 et évent. 200.000	293	1926	
Société Hydro-Electrique de l'Eau d'Olle	15	60.000	80–110	1917	Pas de la Coche.
Société des Forces Motrices de la Loue	33 16	60.000 60.000	70 25,6	1922	
Energie Electrique du Rouergue	40	60.000	188,7	—	
Nord-Lumière (exploité par)	41	60.000	148	1926	Appartient à l'Union d'Electricité.
Société des Forces Motrices de la Vienne	197 107	60.000 60.000	88 81	—	
Société d'Electricité du Tarn	72	60.000	102,6	1923–1926	
Groupe de l'Energie Industrielle	30	60.000	78 et 108	—	Plusieurs portées atteignent 1 km.
Société Hydro-Electrique de l'Isère	70	65.000	70	1927	
Union Electrique du Nord-Est	95	65.000 à 70.000	116	1923–1924	
Réseau d'Etat	287	65.000 et 120.000	188,7	1921	
Houillères de Ronchamp	36	75.000 et 135.000	200	1926	
Compagnie d'Orléans	321 28 168 142	90.000 90.000 150.000 220.000	238 238 293,8 355	Mars 1926 Août 1927 Juillet 1927 en construct.	
Société Electrique du Nord et de l'Ouest	72	100.000	185	1925–1926	
Compagnie Electrique de Basse-Isère	61 19 85	120.000 120.000 120.000	102 148 238	— 1920–1922 1924	
Energie Rhône et Jura	141	120.000	252	1924–1926	
Compagnie Bourguignonne de Transport d'Energie	65	120.000	188,27	—	
Société de Transport d'Energie du Centre	190	120.000	238	1911–1926	Les grandes portées sont à 293 mm² de section.
Forces Motrices du Haut-Rhin	161	135.000	210	1922–1926	
Chemins de fer du Midi	138	150.000	188	1920–1923	

TABLE DES MATIÈRES

APPLICATIONS DE L'ALUMINIUM
ET DE SES ALLIAGES

ACHEVÉ D'IMPRIMER SUR LES PRESSES
DE L'IMPRIMERIE FRANÇAISE DE L'ÉDITION,
12, RUE DE L'ABBÉ-DE-L'ÉPÉE, PARIS
LE DOUZE JUILLET MCMXXVIII